U0077661

博碩文化

博碩文化

博碩文化

博碩文化

Deciphering the Digital Twin

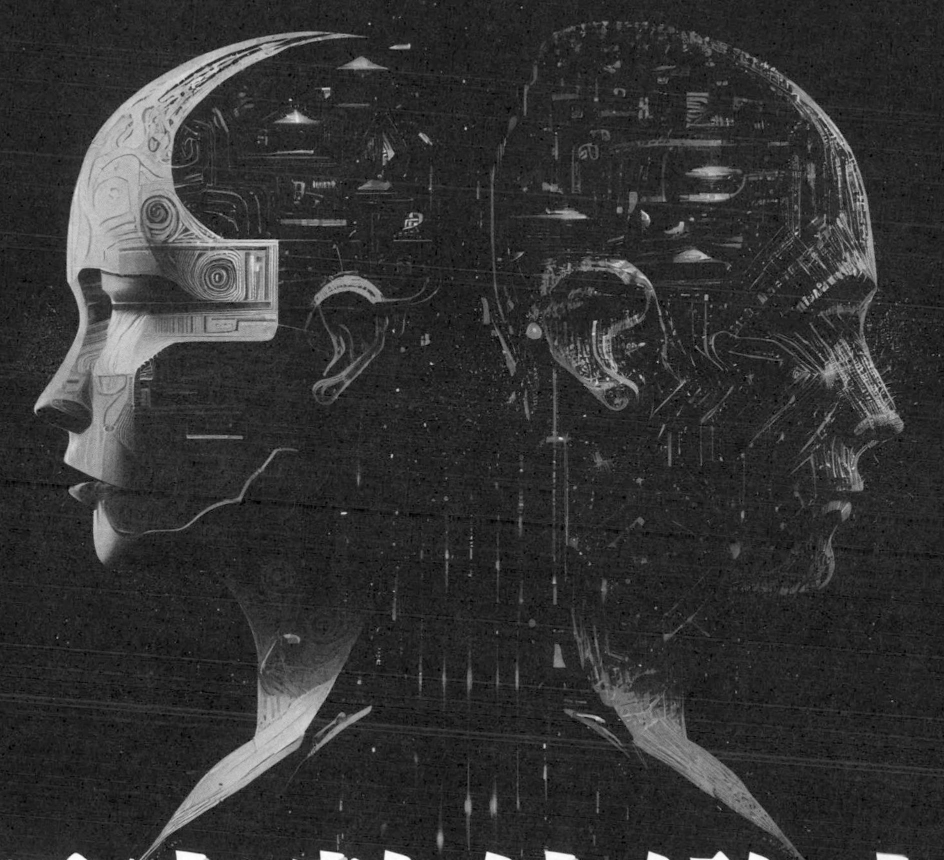

解密數位孿生

從製造、建築、能源到航空的智慧化應用

Kevin Chen
（陳根）

可以想像，除去睡眠等休息時間，
如果人類每天在數位世界活動的時間超過有效時間的50%，
那麼人類的數位化身份會比物理世界的身份更真實有效。

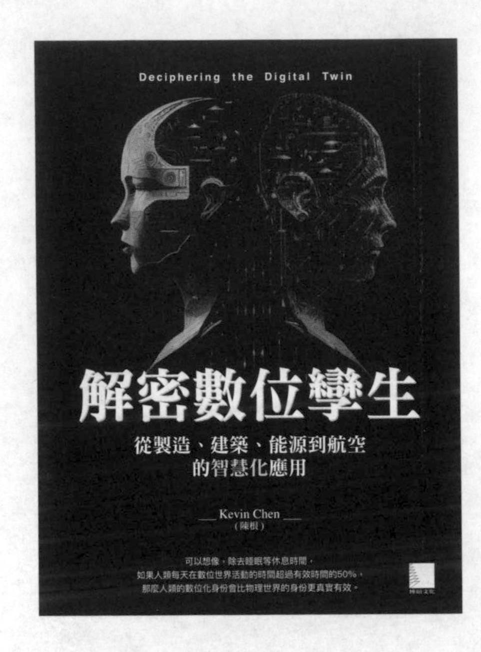

作　　者：Kevin Chen（陳根）
責任編輯：林楷倫

董 事 長：陳來勝
總 編 輯：陳錦輝

出　　版：博碩文化股份有限公司
地　　址：221 新北市汐止區新台五路一段 112 號 10 樓 A 棟
電話 (02) 2696-2869 傳真 (02) 2696-2867

發　　行：博碩文化股份有限公司
郵撥帳號：17484299　戶名：博碩文化股份有限公司
博碩網站：http://www.drmaster.com.tw
讀者服務信箱：dr26962869@gmail.com
訂購服務專線：(02) 2696-2869 分機 238、519
（週一至週五 09:30 ～ 12:00；13:30 ～ 17:00）

版　　次：2023 年 4 月初版一刷

建議零售價：新台幣 450 元
I S B N：978-626-333-440-3
律師顧問：鳴權法律事務所 陳曉鳴律師

本書如有破損或裝訂錯誤，請寄回本公司更換

國家圖書館出版品預行編目資料

解密數位孿生：從製造、建築、能源到航空的智慧化應用 / Kevin Chen(陳根) 著 . -- 初版 . -- 新北市：博碩文化股份有限公司, 2023.04

面；　公分

ISBN 978-626-333-440-3(平裝)

1.CST: 數位科技 2.CST: 虛擬實境 3.CST: 產業發展

312.8　　112004580

Printed in Taiwan

博碩粉絲團

商標聲明

有限擔保責任聲明

著作權聲明

Preface

前言

沒有數位孿生，元宇宙就是一個空泛的名詞。目前，網際網路、大數據、人工智慧等新興的數位技術越來越深度地進入到日常生活中。人們投入到社交網路、電子商務、數位辦公的時間不斷增多，個人也越來越多地以數位身份出現在社會生活中。可以想像，除去睡眠等休息時間，如果人類每天在數位世界活動的時間超過有效時間的 50%，那麼人類的數位化身份會比物理世界的身份更真實有效。而萬物的數位化，包括人的數位化之後，我們就能藉助於數位化讓人與萬物進行互連互通互動，這就產生了一個新的技術，那就是數位孿生。

就像我們在數位世界擁有的數位身份一樣，數位孿生就是藉助各種資料獲取技術來構建一個物理實體的數位化孿生體，通過通訊技術來實現互連互通互動。其實簡單來說，數位孿生就是在一個設備或系統的基礎上，藉助感測器監測來創造一個數位版的「克隆體」。這個「數位克隆體」被創建在資訊化平台上，是虛擬的，但又是真實呈現著物理實體的這樣一種技術。與當前的電腦建模設計圖紙又不同，相比設計圖紙，數位孿生體最大的特點在於，它是對實體物件的動態模擬。也就是說，數位孿生體是會「動」的，而且是即時反映真實物理實體運行狀態。或者說，數位孿生是一個基礎版的元宇宙。

數位孿生技術的誕生是一系列技術共同進步的推動。當前，基於感測器、智慧裝備、工業軟體、工業網際網路、物聯網、雲端運算和邊緣計算的成熟和更廣泛的商業實踐積累，數位孿生也走到了一個新的時間節點。隨著數位孿生概念的成熟和技術的發展，從部件到整機，從產品到產線，從生產到服務，從靜態到動態，一個數位孿生世界正在被不斷構築。

數位孿生的應用從過去飛機、汽車、船舶等高端複雜的製造業，製造這些產品的工業裝備行業，發展到高科技電子行業的電子產品，日常生活消費行業的時裝鞋帽、化妝品、家居傢俱、食品飲料消費產品。在基礎設施行業中，數位孿生的應用也日益增加，包括鐵路、公路、核電站、水電站、火電站、城市建築乃至整個城市，以及礦山開採。可以說，今天，數位孿生已經走進我們的生活並且覆蓋到了不同行業的各個方面，在新冠疫情期間，從健康碼的全國推廣到雷神山醫院的火速建立，都印證了數位孿生對生活和社會的滲透。

2020 年年初，達梭系統更是提出了數位化革命從原來物質世界中沒有生命的「thing」擴展到有生命的「life」。從造物角度來講，人體比機械要複雜太多。人體有 37 萬億個細胞，每一個細胞生命週期裡又有 4200 萬的蛋白質。人體數位化，即基於人體相關的多學科、多專業知識的系統化研究，並將這些知識全部注入人體的數位孿生體中。這有利於降低各種手術風險，提高成功率，改進藥物研發，提高藥物的效用。可以預期，數位孿生作為一種技術，還將從原子、器件應用擴展到細胞、心臟、人體，甚至於未來整個地球和宇宙都可以在虛擬賽博空間重建數位孿生世界。

本書基於數位孿生技術，對數位孿生在各行業的應用進行了深入的解析。概念篇對數位孿生的概念作了詳細解析，包括數位孿生概念的發展、核心技術、數位孿生技術價值，以及發展現狀。應用篇部分，對數位孿生在智慧製造、智慧交通、智慧城市、智慧建築、智慧能源、智慧健康、智慧國防、智慧戰爭、航太航空和元宇宙十個領域的應用進行了案例分析，案例分別來自國內外數位孿生應用的最新進展，詳細、客觀地分析了當前數位孿生在不同領域的不同應用；未來篇基於對數位孿生技術發展進行了展望，包括數位孿生技術發展趨勢、標準化問題、通用性問題以及需要面對的現實挑戰，並描述了即將到來的數位孿生地球。

數位孿生代表了繼搜索和社交媒體之後的網際網路「第三波浪潮」，是一項產品全生命週期管理的顛覆性技術，不論是製造業、建築業，還是生命科學領域，都會因數位孿生技術而發生革命性的變化。

由於寫著時間的倉促，再者數位孿生是一項新的技術，目前還處於從軍用轉民用的發展探索階段。因此本書難免在寫著過程中存在不到位的地方，望讀者能諒解。本書適合所有對前沿技術、數位技術、數位孿生、元宇宙感興趣的人員，或者相關專業的參與者，以及數位化相關專業的大專院校及研究生使用。

陳根

2023 年 1 月 20 日

Contents

目錄

PART 1　概念篇

Chapter 1　新生產要素的革命

PART 2　應用篇

Chapter 2　數位孿生 + 智慧製造

Chapter 3 數位孿生 + 智慧交通

Chapter 4 數位孿生 + 智慧城市

Chapter 5 數位孿生 + 智慧建築

Chapter 6 數位孿生 + 智慧能源

Chapter 7 數位孿生 + 智慧健康

Chapter 8 數位孿生 + 智慧國防

Chapter 9 數位孿生 + 智慧戰爭

Chapter 10 數位孿生 + 航太航空

Chapter 11 數位孿生 + 元宇宙

PART 3　未來篇

Chapter 12　數位孿生之趨勢展望

Chapter 13　向數位地球進發

PART 1
概念篇

Chapter 01

新生產要素的革命

1.1 概念正演進

當前，以物聯網、大數據、人工智慧等新技術為代表的數位浪潮席捲全球，物理世界和與之對應的數位世界正形成兩大體系平行發展、相互作用。數位世界為了服務物理世界而存在，物理世界因為數位世界變得高效有序。在這種背景下，數位孿生體技術應運而生。幾年來，數位孿生的概念炙手可熱，越來越成熟從工業到產業、從軍事到民生各個領域的智慧新代表。

數位孿生始於數位化，又不止於數位化。從概念的演進來看，數位孿生這一概念誕生在美國，2002 年，密西根大學教授麥可．葛瑞夫（Michael Grieces）在產品全生命週期管理課程上提出了「與物理產品等價的虛擬數位化表達」的概念：一個或一組特定裝置的數位複製品，能夠抽象表達真實裝置並可以此為基礎進行真實條件或模擬條件下的測試。其概念源於對裝置的資訊和資料進行更清晰地表達的期望，希望能夠將所有的資訊放在一起進行更高層次的分析。

然而，真正將這種理念付諸實踐的則是早於理念提出的美國國家航天局（NASA）的阿波羅專案，在該專案中，NASA 需要製造兩個完全一樣的空間飛行器，其中一個發射到太空執行任務，另一個留在地球上用於反映太空中航天器在任務期間的工作狀態，從而輔助工程師分析處理太空中出現的緊急事件。但對於當時來說，這兩個航天器都是真實存在的物理實體。

終於，2010 年，「Digital Twin」一詞在 NASA 的技術報告中被正式提出，並被定義為「整合了多物理量、多尺度、多概率的系統或飛行器模擬過程」。2011 年，美國空軍探索了數位孿生在飛行器健康管理中的應用，並詳細探討了實施數位孿生的技術挑戰。2012 年，美國國家航空航天局與美國空軍聯合發表了關於數位孿生的論文，指出數位孿生是驅動未來飛行器發展的關鍵技術之一。至此，數位孿生才真正作為一項數位技術，走進了人們的視線之中。

時下，許多業界主流公司都對數位孿生給出了自己的理解和定義，但實際上，人們對於數位孿生的認識依然是一個不斷演進的過程。這從 Gartner 在過去三年對數位孿生的論述中，便可見一斑。

2017 年，Gartner 對數位孿生的解釋是：實物或系統的動態軟體模型，在三到五年內，數十億計的實物將透過數位孿生來表達。在 Gartner 2017 年發佈的新興技術成熟度曲線中，數位孿生處於創新萌發期，距離成熟應用還有 5-10 年時間。2018 年，Gartner 對數位孿生的解釋是：數位孿生是現實世界實物或系統的數位化表達。隨著物聯網的廣泛應用，數位孿生可以連接現實世界的物件，提供其狀態資訊，回應變化，改善營運並增加價值。2019 年，Gartner 對數位孿生的解釋變化為：數位孿生是現實生活中物體、流程或系統的數位鏡像。大型系統，例如發電廠或城市也可以創建其數位孿生模型。

在數位孿生概念的成熟和完善過程中，數位孿生的應用主體也不再侷限於基於物聯網來洞察和提升產品的運行績效，而是延伸到更廣闊的領域，例如工廠的數位孿生、城市的數位孿生，甚至組織的數位孿生。

橫向來看，在模型維度上，從模型需求與功能的角度，這一類觀點認為數位孿生是三維模型、是物理實體的複製，或是虛擬樣機。在資料維度上，一些觀點則認為資料是數位孿生的核心驅動力，側重了數位孿生在產品全生命週期資料管理、數據分析與挖掘、資料整合與融合等方面的價值。在連接維度上，這一類觀點認為數位孿生是物聯網平台或工業網際網路平台，這些觀點側重從物理世界到虛擬世界的感知接入、可靠傳輸、智慧服務。而對於服務來說，這一類觀點則認為數位孿生是模擬，是虛擬驗證，或是視覺化。

儘管當前對數位孿生存在多種不同認識和理解，目前尚未形成統一共識的定義，但可以確定的是，物理實體、虛擬模型、資料、連接和服務是數位孿生的核心要素，即：數位孿生是現有或將有的物理實體物件的數位模型，透過實測、模擬和數據分析來即時感測、診斷、預測物理實體物件的狀態，透過優化和指令來調控物理實體物件的行為，透過相關數位模型間的相互學習來進化自身，同時改進利益相關方在物理實體物件生命週期內的決策。

通俗來説，數位孿生就是在一個設備或系統「物理實體」的基礎上，創造一個數位版的「虛擬模型」。這個「虛擬模型」被創建在資訊化平台上提供服務。值得一提的是，與電腦的設計圖紙又不同，相比於設計圖紙，數位孿生體最大的特點在於，它是對實體物件的動態模擬。也就是説，數位孿生體是會「動」的。同時，數位孿生體「動」的依據，來自實體物件的物理設計模型、感測器回饋的「資料」，以及運行的歷史資料。實體物件的即時狀態，還有外界環境條件，都會「連接」到「孿生體」上。

可以看見，數位孿生為跨層級、跨尺度的現實世界和虛擬世界建立了溝通的橋樑，是一種實現製造資訊世界與物理世界交互融合的有效手段。因此，數位孿生也被認為是第四次工業革命的通用目的技術和核心技術體系之一，是支撐萬物互連的綜合技術體系，也是未來智慧時代的資訊基礎設施。

1.2 技術大整合

一項新興技術或一個新概念的出現背後，往往是一系列技術共同進步的推動，就數位孿生而言，建模、模擬和基於資料融合的數位線程無疑是數位孿生的三項核心技術；能夠做到統領建模、模擬和數位線程的系統工程和 MBSE，則成為數位孿生體的頂層框架技術；此外，物聯網是數位孿生體的底層伴生技術；而雲端運算、機器學習、大數據、區塊鏈則是數位孿生體的週邊賦能技術。

核心技術：建模、模擬、數位線程

(一) 建模

數位化建模技術起源於上世紀 50 年代。建模的目的是將人們對物理世界或問題的理解進行簡化和模型化。而數位孿生體的目的或本質正是透過數位化和模型化，用資訊換能量，以更少的能量消除各種物理實體、特別是複雜系統的不確定性。數位孿生建模需要完成從多領域多學科角度模型融合以實現物理物件各領域特徵的全面刻畫，建模後的虛擬物件會表徵實體物件的狀態、模擬實體物件在現實環境中的行為、分析物理物件的未來發展趨勢。

因此，建立物理實體的數位化模型或資訊建模技術是創建數位孿生體、實現數位孿生的源頭和核心技術，也是「數位化」階段的核心。

當前，數位孿生建模語言主要包括 AutomationML、UML、SvsML 及 XML 等。一些模型採用通用建模工具如 CAD 等開發，更多模型的開發是基於專用建模工具如 FlexSim 和 Qfsm 等。目前業界已提出多種概念模型，包括：

① 基於模擬資料庫的微核心數位孿生平台架構，透過模擬資料庫對即時感測器資料的主動管理，為模擬模型的修正和更逼真的現實映射提供支援；

② 自動模型生成和線上模擬的數位孿生建模方法，首先選擇靜態模擬模型作為初始模型，接著基於資料匹配方法由靜態模型自動生成動態模擬模型，並結合多種模型提升模擬準確度，最終透過即時資料回饋實現線上模擬；

③ 包含物理實體、資料層、資訊處理與優化層三層的數位孿生建模流程概念框架，以指導工業生產數位孿生模型的建構；

④ 基於模型融合的數位孿生建模方法，透過多種數理模擬模型的組合建構複雜的虛擬實體，並提出基於錨點的虛擬實體校準方法；

⑤ 全參數數位孿生的實現框架，將數位孿生分成實體層、資訊處理層、虛擬層三層，基於資料獲取、傳輸、處理、匹配等流程實現上層數位孿生應用；

⑥ 由物理實體、虛擬實體、連接、孿生資料、服務組成的數位孿生五維模型，強調了由物理資料、虛擬資料、服務資料和知識等組成的

孿生資料對物理設備、虛擬裝置和服務等的驅動作用，並探討了數位孿生五維模型在多個領域的應用思路與方案；

⑦ 按照資料獲取到應用分為資料保障層、建模計算層、數位孿生功能層和沉浸式體驗層的四層模型，依次實現資料獲取、傳輸和處理、模擬建模、功能設計、結果呈現等功能。

(二) 模擬

模擬是將包含了確定性規律和完整機制的模型轉化成軟體的方式來模擬物理世界的一種技術。模擬興起於工業領域。作為不可或缺的重要技術，已經被世界上眾多企業廣泛應用到工業各個領域中，是推動工業技術快速發展的核心技術，也是工業 3.0 時代最重要的技術之一，在產品優化和創新活動中扮演不可或缺的角色。近年來，在工業 4.0、智慧製造等新一輪工業革命的興起，新技術與傳統製造的結合催生了大量新型應用，工程模擬軟體也開始與這些先進技術結合，在研發設計、生產製造、試驗維運等各環節發揮更重要的作用。

從模擬的視角來看，數位孿生體系中的模擬作為一種線上數位模擬技術，將包含了確定性規律和完整機制的模型轉化成軟體的方式來模擬物理世界。只要模型正確，並擁有了完整的輸入資訊和環境資料，就可以基本正確地反映物理世界的特性和參數，驗證和確認對物理世界或問題理解的正確性和有效性。

數位孿生技術中的模擬屬於一種線上數位模擬技術，可以將數位孿生理解為：針對物理實體建立相對應的虛擬模型，並模擬物理實體在真實環境下的行為。和傳統的模擬技術相比，更強調物理系統和資訊系統之間的虛實共融和即時互動，是作貫穿全生命週期的高頻次並不斷迴圈迭代的模擬過程。

也就是説，數位孿生視角下的模擬預測，是對物理世界的動態預測。模擬技術需要在建立物理物件的數位化模型之上，根據當前狀態，透過物理學規律和原理來計算、分析和預測物理物件的未來狀態。這種模擬不是對一個階段或一種現象的模擬，應是全週期和全領域的動態模擬，包括產品模擬、虛擬試驗、製造模擬、生產模擬、工廠模擬、物流模擬、維運模擬、組織模擬、流程模擬、城市模擬、交通模擬、人群模擬、戰場模擬等。

因此。模擬技術不再僅僅用於降低測試成本，透過打造數位孿生，模擬技術的應用將擴展到各個營運領域，甚至涵蓋產品的健康管理、遠端診斷、智慧維護、共用服務等應用。基於數位孿生可對物理物件透過模型進行分析、預測、診斷、訓練等（即模擬），並將模擬結果回饋給物理物件，從而説明對物理物件進行優化和決策。因此模擬技術是創建和運行數位孿生體、保證數位孿生體與對應物理實體實現有效閉環的核心技術。

從技術角度看，建模和模擬則是一對伴生體：如果説建模是模型化我們對物理世界或問題的理解，那麼模擬就是驗證和確認這種理解的正確性和有效性。所以，數位化模型的模擬技術是創建和運行數位孿生、保證數位孿生與對應物理實體實現有效閉環的核心技術。

隨著模擬技術的發展，這種技術被越來越多的領域所採納，逐漸發展出更多類型的模擬技術和軟體。數位孿生則將成為模擬應用新巔峰。在數位孿生的成熟度的每個階段，模擬都在扮演者不可或缺的角色。數位孿生也因為模擬在不同成熟度階段以及在四大關鍵場景中無處不在。而成為智慧化的源泉與核心。

(三) 數位線程(Digital Thread)

數位線程是指可擴展、可配置和元件化的企業級分析通訊框架。基於該框架可以建構覆蓋系統生命週期與價值鏈全部環節的跨層次、跨尺度、多視圖模型的整合視圖,進而以統一模型驅動系統生存期活動,為決策者提供支援,主要包括正向數位線程技術和逆向數位線程技術兩大類型。

其中,正向數位線程技術以基於模型的系統工程(MBSE)為代表,在用戶需求階段就基於統一模組化語言(UML)定義好各類資料和模型規範,為後期全量資料和模型在全生命週期整合融合提供基礎支撐。

逆向數位線程技術以管理殼技術為代表,依託多類工程整合標準,對已經建構完成的資料或模型,基於統一的語義規範進行識別、定義、驗證,並開發統一的介面支撐進行資料和資訊交互,從而促進多源異構模型之間的交互操作。

根據美國軍方對數位線程的定義和解釋,其目標就是要在系統全生命期內,實現在正確的時間、正確的地點,把正確的資訊傳遞給正確的人。這一目標和上世紀九十年代 PDM/PLM 技術和理念出現時的目標幾乎完全一致,只不過數位線程是要在數位孿生環境下實現這一目標。可以說,數位線程也是數位孿生技術體系中最為關鍵的核心技術。

頂層框架技術：系統工程和 MBSE

儘管系統工程起源於 20 世紀早期，並在第二次世界大戰中就已經進行了運用，但直到 1951 年，美國貝爾公司在建成微波中繼通訊網後才正式提出「系統工程」這一名詞。1972 年，美國阿波羅載人登月工程運用系統工程的方法大獲成功，這讓系統工程第一次在世界範圍內被人們所熟知。之後，在美國國防部的領導下，承包商標準被引入，系統工程才逐漸被應用於民用航空領域。

其中，國際系統工程師協會（INCOSE）將系統工程定義為：是一種能夠使系統實現跨學科的方法和手段。系統工程專注於在系統開發的早期階段，就定義並文件化客戶需求，然後再考慮系統運行、成本、進度、性能、培訓、保障、試驗、製造等問題，並進行系統設計和確認。

由此可見，系統工程可被應用於建立跨學科的複雜大系統，透過對系統的組成，結構，資訊流等進行科學的、有條理的研究和分析，使學科與學科之間、子系統與子系統之間和系統的整體與局部之間相互協調和配合，從而優化系統的運行，更好地實現系統的目的。

然而，伴隨著需求的增長和技術的革新，傳統工業逐漸向智慧化、數位化轉型。在新的工業環境下，系統複雜度的提升所產生的龐大資訊量與資料量給傳統的基於文件的系統工程（TSE）帶來了前所未有的挑戰。於是，隨著模型驅動的系統開發方法的興起，特別是在軟體領域，人們將模型驅動與系統工程相結合，提出了基於模型的系統工程方法（Model based System Engineering，MBSE）。

MBSE 強調貫穿於全生命週期的技術過程的形式化建模，建立的系統模型既解決了專案經驗積累和重用的問題，也透過多視角的系統頂層需求建模與系統架構建模，為複雜系統或體系的向下分解與及時驗證提供了模型依據，體現了整體論與還原論的辯證統一；而針對實體層建構的各專業領域（機械、電子、流體、力學、氣動等）的物理模型，也體現了對具體實現技術的描述，使系統工程不再僅僅是賦能技術，還包含了完整的工程實現所需的技術集合。

一方面，MBSE 中的 DoDAF 系統架構描述標準，提供了多視角的體系架構描述方法，從全景視點、能力視點、作戰（業務）視點、服務視點和系統視點等 8 個方面來完整描述系統，使得從整體上描述複雜系統或體系成為可能，滿足了系統工程方法的系統性與整體性，使得系統工程成為名副其實的系統論指導下的工程方法。而建立的系統架構模型，也為在系統定義的早期階段就能對系統功能分解與系統指標分解的結果進行模擬驗證提供了模型支援。

另一方面，2007 年 INCOSE 在《系統工程 2020 年願景》中，給出了「基於模型的系統工程」的定義：支援以概念設計階段開始並持續貫穿於開發和後續的生命週期階段的系統需求、設計、分析、驗證和確認活動的形式化建模應用。可以看見，MBSE 與傳統的系統工程相比，最主要的區別是貫穿於全生命週期的技術過程的形式化建模，重點在形式化，而不是有無建模。

當前，MBSE 已成為創建數位孿生的框架，數位孿生可以透過數位線程整合到 MBSE 工具套件中，進而成為 MBSE 框架下的核心元素。而從系統生存週期的角度，MBSE 又可以作為數位線程的起點，使用從物聯網收集的資料，運行系統模擬來探索故障模式，從而隨著時間的推移逐步改進系統設計。

底層伴生技術：物聯網

物聯網，即透過各種資訊感測器、無線射頻識別技術、全球定位系統、紅外線感應器、鐳射掃描器等各種裝置與技術，即時採集任何需要監控、連接、互動的物體或過程，採集其聲、光、熱、電、力學、化學、生物、位置等各種需要的資訊，透過各類可能的網路接入，實現物與物、物與人的泛在連接，實現對物品和過程的智慧化感知、識別和管理。物聯網是一個基於網際網路、傳統電信網等的資訊承載體，它讓所有能夠被獨立定址的普通物理物件形成互連互通的網路。

從凱文．愛斯頓（Kevin Ashton）在 1999 年提出「物聯網」一詞至今，物聯網已從雛形初現逐步發展為拉動全球經濟增長的新引擎。新的技術浪潮開啟了通往新時代的大門，也為時代奠定了特有的基調。與移動網際網路大約 50 億 [2] 的設備接入量相比，物聯網的連接規模將擴大至少一個數量級，所涉及的領域涵蓋可穿戴設備、智慧家居、自動駕駛汽車、互連工廠和智慧城市的一切。

雖然從連接的物件來看，物聯網只是加入了各種「物」，但它對連接內涵的拓展和昇華帶來了極其深遠的影響。物聯網不再以「人」為單一的連接中心，物與物無需人的操控即可實現自主連接，這在一定程度上確保了連接所傳遞內容的客觀性、即時性和全面性。

從物聯網的角度來看，一方面，物聯網將實體世界的每一縷脈動都連接到網路上，打造了一個虛擬（資訊、資料、流程）和實體（人、機器、商品）之間相互映射、緊密耦合的系統。物理實體在虛擬世界建立了自身的數位孿生，使其狀態變得可追溯、可分析和可預測。

另一方面，若要實現數位孿生，也必須藉助感測器運行、更新的即時資料來回饋到數位系統，進而實現在虛擬空間的模擬過程。也就是說，物聯網（IoT）的各種感知技術是實現數位孿生的必然條件。只有現實中的物體連上網，能即時傳輸資料，才能對應的實現數位孿生。

從數位孿生的角度來看，數位孿生則可以藉助物聯網和大數據技術，達到指標測量甚至精準預測未來的目的。數位孿生可以透過採集有限的物理感測器指標的直接資料，並藉助大樣本庫，透過機器學習推測出一些原本無法直接測量的指標。例如，可以利用一系列歷史指標資料，透過機器學習來建構不同的故障特徵模型，間接推測出物理實體運行的健康指標。

此外，現有的產品全生命週期管理很少能夠實現精準預測，因此往往無法對隱藏在表像下的問題進行預判。而數位孿生可以結合物聯網的資料獲取、大數據的處理和人工智慧的建模分析，實現對當前狀態的評估、對過去發生問題的診斷，並給予分析的結果，模擬各種可能性，以及實現對未來趨勢的預測，進而實現更全面的決策支援。

週邊賦能技術：雲端運算、大數據和機器學習、區塊鏈

(一) 雲端運算

雲端運算是分散式運算的一種，指的是透過網路「雲」將龐大的資料運算處理程式分解成無數個小程式，透過多部伺服器組成的系統進

行處理和分析這些小程式得到結果並返回給用戶。雲端運算是分散式運算、效益分析、負載平衡、平行處理、網路儲存、高可用性備援（熱備份冗雜）和虛擬化等電腦技術混合演進並躍升的結果。雲端運算系統由雲端平台、雲端儲存、雲終端、雲端安全四個基本部分組成。雲端平台從用戶的角度又可分為公有雲、私有雲、混合雲等。

最早提出雲端運算概念的，有據可查的是 Sun 公司首席執行官 ScottMcNealy。他在 20 世紀 90 年代提出了「網路電腦」的概念，推出網路無處不在的思想。之後的 20 多年時光裡，包括 Sun 的技術團隊，IT 和網際網路業界都在探索和踐行著為用戶提供成本更低、操作更簡便、資料更安全的開放性的基礎架構服務平台。

2010 年 5 月 21 日，在第二屆中國雲端運算大會上，鴻蒙集團董事長鄭世寶先生發表了《從生命看雲計算，整體論對還原論》的演講，將雲端運算融入東方科學和哲學思想的範疇，以整體論和系統論的觀點，用中國人的慧性思維定義了雲端運算：雲端運算是以應用為目的，透過網際網路將必要的大量硬體和軟體按照一定的結構體系連接起來，並隨應用需求的變化而不斷調整結構體系建立起來的一個內耗最小、功效最大的虛擬資源服務中心。

簡言之，雲端運算就是把跟網際網路關聯的有形的和無形的資源串聯起來形成一個平台，使用者們按照規則在上面做自己想做的事情。這也意謂著，計算將越來越多的變為一種服務，透過網際網路，來自遠方大量的計算能力將為本地所使用。文件、電子郵件和其他的資料將會被線上儲存，或者更精確的說，「儲存在雲端」。

數位孿生需要將現實世界中的海量資料映射到鏡像世界，並進行大量的計算，而這毫無疑問，需要建立在大規模雲端運算的基礎上。可以說，雲端運算是體系級數位孿生分析的理想技術，而雲端運算體系結構則有利於大量連接設備的組織和管理，以及內部和外部資料的組合和整合。在雲端運算體系結構中，各種不同類型的存放裝置可以透過應用軟體一起工作，共同提供資料儲存和業務訪問。

(二) 大數據和機器學習

大數據，顧名思義，大量的資料。大數據技術，則是透過獲取、儲存、分析，從大容量資料中挖掘價值的一種全新的技術架構。

從資料的體量來看，傳統的個人電腦，處理的資料，是 GB/TB 級別的資料。其中，1KB=1024B (KB-kilobyte)；1MB=1024KB(MB-megabyte)；1GB=1024MB(GB-gigabyte)；1TB=1024GB(TB-terabyte)。比如，硬碟就通常是 1TB/2TB/4TB 的容量。而大數據則處理的是 PB/EB/ZB 級別的資料體量。其中，1PB=1024TB(PB-petabyte)；1EB=1024PB (EB-exabyte)；1ZB=1024EB(ZB-zettabyte)。

如果說一塊 1TB 的硬碟可以儲存大約 20 萬張的照片或 20 萬首 MP3 音樂，那麼 1PB 的大數據，則需要大約 2 個機櫃的存放裝置，儲存約為 2 億張照片或 2 億首 MP3 音樂。1EB，則需要大約 2000 個機櫃的存放裝置。當前，全球資料量仍在飛速增長的階段。根據國際機構 Statista 的統計和預測，2020 年全球資料產生量預計達到 47ZB，而到 2035 年，這一數字將達到 2142ZB，全球資料量即將迎來更大規模的爆發。

除了體量之大，大數據真正的「大」還在於其發揮的價值之大。早在 1980 年，著名未來學家阿爾文·托夫勒在他的著作《第三次浪潮》中，就明確提出：「資料就是財富」，大數據的核心本質，就是價值。而機器學習，就是一種重要的實現大數據價值的工具。其中，機器學習可以分為三個主要的類別：監督學習、無監督學習和強化學習。

監督學習基於訓練好的資料來建構演算法，訓練資料包含一組訓練範例，每個訓練範例擁有一個或多個輸入與輸出，成為監督訊號，透過對目標函數的迭代優化，監督學習演算法探索出一個函數，可用於預測新輸入所對應的輸出。

無監督學習只在包含輸入的訓練資料中尋找結構，識別訓練資料的共性特徵，並基於每個新資料所呈現或缺失的這種共性特徵做出判斷。

強化學習是研究演算法如何在動態環境中執行任務，以實現累計獎勵的最大化。很多學科對這個領域有研究，比如博弈論、控制論等，在自動駕駛、人類博弈比賽等方面比較常用。

因此，從本質上說，機器學習解決的正是大數據的優化問題與演算法的優化問題。而機器學習演算法又是一類從資料中自動分析獲得規律，並利用規律對未知數據進行預測的演算法。因此，機器學習總是和大數據相伴而生。

在數位孿生體中，物聯網的一項重要作用就是收集來自物理世界的資料，這種資料往往具備大數據特徵。數位孿生體使用這些資料的一種模式就是透過機器學習技術，在物理原理不明確、輸入資料不完備的情況下對數位孿生體的未來狀態和行為進行預測，儘管這種預測未必準確。但相比一無所知，這種預測仍富有價值。而且隨著數位孿生體的進化，這種預測會越來越逼近真實世界。

(三) 區塊鏈

區塊鏈本質上是一個去中心化的分散式資料庫，能實現數據資訊的分散式記錄與分散式儲存，它是一種把區塊以鏈的方式組合在一起的資料結構。區塊鏈技術使用密碼學的手段產生一套記錄時間先後的、不可篡改的、可信任的資料庫，這套資料庫採用去中心化儲存且能夠有效保證資料的安全，能夠使參與者對全網交易記錄的時間順序和當前狀態建立共識。

通俗來講，就是區塊鏈由以前的一人記帳，變成了大家一起記帳的模式，讓帳目和交易更安全，這就是分散式資料儲存。實際上，和區塊鏈相關的技術名詞除了分散式儲存，還有去中心化、智慧合約、加密演算法等概念。

區塊鏈由兩部分組成，一個是「區塊」，一個是「鏈」，這是從資料形態對這項技術進行描述。區塊是使用密碼學方法產生的資料塊，資料以電子記錄的形式被永久儲存下來，存放這些電子記錄的檔案就被稱為「區塊」。每個區塊記錄了幾項內容，包括神奇數、區塊大小、資料區塊頭部資訊、交易計數、交易詳情。

每一個區塊都由塊頭和塊身組成。塊頭用於連結到上一個區塊的位址，並且為區塊鏈資料庫提供完整性保證；塊身則包含了經過驗證的、塊創建過程中發生的交易詳情或其他資料記錄。

區塊鏈的資料儲存透過兩種方式來保證資料庫的完整性和嚴謹性：第一，每一個區塊上記錄的交易是上一個區塊形成之後，該區塊被創建前發生的所有價值交換活動，這個特點保證了資料庫的完整性；第二，在絕大多數情況下，一旦新區塊完成後被加入到區塊鏈的最後，則此區塊的資料記錄就再也不能改變或刪除。這個特點保證了資料庫的嚴謹性，使其無法被篡改。

鏈式結構主要依靠各個區塊之間的區塊頭部資訊連結起來，頭部資訊記錄了上一個區塊的雜湊值（透過雜湊函數變換的雜湊值）和本區塊的雜湊值。本區塊的雜湊值，又在下一個新的區塊中有所記錄，由此完成了所有區塊的資訊鏈。

同時，由於區塊上包含了時間戳記，區塊鏈還帶有時序性。時間越久的區塊鏈後面所連結的區塊越多，修改該區塊所要付出的代價也就越大。區塊採用了密碼協定，允許電腦（節點）的網路共同維護資訊的共用分散式帳本（Distributed Ledger），而不需要節點之間的完全信任。

該機制保證，只要大多數網路按照所述管理規則發佈到區塊上，則儲存在區塊鏈中的資訊就可被信任為可靠的。這可以確保交易資料在整個網路中被一致地複製。分散式儲存機制的存在，通常意謂著網路的所有節點都保存了區塊鏈上儲存的所有資訊。借用一個形象的比喻，區塊鏈就好比地殼，越往下層，時間越久遠，結構越穩定，不會發生改變。

由於區塊鏈將創世塊以來的所有交易都明文記錄在區塊中，且形成的資料記錄不可篡改，因此任何交易雙方之間的價值交換活動都是可以追蹤和查詢到的。這種完全透明的資料管理體系不僅從法律角度看無懈可擊，也為現有的物流追蹤、操作日誌記錄、稽核查帳等提供了可信任的追蹤捷徑。

數位孿生是典型的數位資產。在眾多數位孿生應用的過程中，必然存在數位資產的交易。區塊鏈提供的去中心化的交易機制就能很好地支援分佈、即時和精細化的數位資產交易，可以成為數位孿生體最佳的資產交易媒介。同時它也能引入信任度，持續保持透明度，很好地支援數位資產交易生態系統的參與主體，包括數位資產的採集、儲存、交易、分發和服務各個流程的參與者。最後，去中心化資料交易網路也需要在可擴展性、交易成本和交易速度方面有突破，才能加速推動數位資產的商用化。

1.3 數位孿生之價值

數位孿生五大特點

技術的整合成就了數位孿生的誕生，相較於其他單一的數位技術，數位孿生則呈現出互通性、可擴展性、即時性、保真性和閉環性的五大特點，而這五大特點則最終融合成數位孿生技術所擁有的優勢——虛實整合和全生命週期管理。

互通性上，數位孿生中的物理物件和數位空間能夠雙向映射、動態互動和即時連接，因此數位孿生具備以多樣的數位模型映射物理實體的能力，具有能夠在不同數位模型之間轉換、合併和建立「表達」的等同性。

可擴展性上，數位孿生技術具備整合、添加和替換數位模型的能力，能夠針對多尺度、多物理、多層級的模型內容進行擴展。

即時性上，數位孿生以一種電腦可識別和處理的方式管理資料以對隨時間軸變化的物理實體進行表徵。表徵的物件包括外觀、狀態、屬性、內部機制，形成物理實體即時狀態的數位虛體映射。

數位孿生的保真性指描述數位虛體模型和物理實體的接近性。要求虛體和實體不僅要保持幾何結構的高度模擬，在狀態、相態和時態上也要模擬。

最後，由於數位孿生中的數位虛體，用於描述物理實體的視覺化模型和內部機制，以便於對物理實體的狀態資料進行監視、分析推理、優化工藝參數和運行參數，實現決策功能，即賦予數位虛體和物理實體一個大腦。因此，數位孿生還具有閉環性。

虛實整合和全生命週期管理

正是基於數位孿生的五大特點，使得數位孿生作為一種超越現實的概念，被視為一個或多個重要的、彼此依賴的裝備系統的數位映射系統，在近些年裡熱度不斷攀升。

其中，虛實整合是數位孿生的基本特徵，也是數位孿生價值的重要體現。虛實整合透過對物理實體建構數位孿生模型，實現物理模型和數位孿生模型的雙向映射。這對於改善對應的物理實體的性能和運行績效無疑具有重要作用。

事實上，對於工業網際網路、智慧製造、智慧城市、智慧醫療等未來的智慧領域來說，虛擬模擬是其必要的環節。而數位孿生虛實整合的基本特徵，則為工業製造、城市管理、醫療創新等領域由「重」轉「輕」提供了良好路徑。

以工業網際網路為例，在現實世界，檢測維修一台大型設備，需要考慮停工的損益、設備的複雜構造等問題，並安排人員進行實地的排查檢測。顯然，這是一個「重工程」。而透過數位孿生技術，檢測人員只需對「數位孿生體」進行資料回饋，即可判斷現實實體設備的情況，完成排查檢測維修的目的。

其中，美國 GE 就藉助數位孿生這一概念，提出物理機械和分析技術融合的實現途徑，並將數位孿生應用到旗下航空發動機的引擎、渦輪，以及核磁共振設備的生產和製造過程中，讓每一台設備都擁有了一個數位化的「雙胞胎」，實現了維運過程的精準監測、故障診斷、性能預測和控制優化。

而在新冠肺炎疫情期間，聞名世界的雷神山醫院便是利用了數位孿生技術進行建造。中南建築設計院（CSADI）臨危受命，設計了武漢第二座「小湯山醫院」——雷神山醫院，中南建築設計院的建築資訊建模（BIM）團隊為雷神山醫院創造了一個數位化的「孿生兄弟」。採用 BIM 技術建立雷神山醫院的數位孿生模型，根據專案需求，利用 BIM 技術指導和驗證設計，為設計建造提供了強而有力的支撐。

近年的數位孿生城市的建構，更是引發城市智慧化管理和服務的顛覆性創新。比如，中國河北的雄安新區就融合地下水管、再生水管、熱水管、電力通訊纜線等 12 種市政管線的城市地下綜合管廊數位孿生體讓人驚豔；江西鷹潭「數位孿生城市」榮獲巴賽隆納全球智慧城市大會全球智慧城市數位化轉型獎。

此外，由於虛實整合是對實體物件的動態模擬，也就意謂著數位孿生模型是一個「不斷生長、不斷豐富」的過程：在整個產品生命週期中，從產品的需求資訊、功能資訊、材料資訊、使用環境資訊、結構資訊、裝配資訊、工藝資訊、測試資訊到維護資訊，不斷擴展，不斷豐富，不斷完善。

數位孿生模型越完整，就越能夠逼近其對應的實體物件，從而對實體物件進行視覺化、分析、優化。如果把產品全生命週期各類數位孿生模型比喻為散亂的珍珠，那麼將這些珍珠串起來的鏈子，就是數位線程（Digital Thread）。數位線程不僅可以串起各個階段的數位孿生模型，也包括產品全生命週期的資訊，確保在發生變更時，各類產品資訊的一致性。

在全生命週期領域，西門子藉助數位孿生的管理工具——PLM（Product Lifecycle Management）產品生命週期管理軟體將數位孿生的價值推廣到多個行業，並在醫藥、汽車製造領域取得顯著的效果。

以葛蘭素史克疫苗研發及生產的實驗室為例，透過「數位化雙胞胎」的全面建設，使複雜的疫苗研發與生產過程，實現完全虛擬的全程「雙胞胎」監控，企業的品質控制開支減少 13%，它的返工和報廢減少 25%，合規監管費用也減少了 70%。

從虛實整合到全生命週期管理，數位孿生展示了對於各個行業的廣泛應用場景。在 2018 年《電腦整合製造系統》「數位孿生及其應用探索」一文中，就歸納了包括航空航太、電力、汽車、石油天然氣、健康醫療、船舶航運、城市管理、智慧農業、建築建設、安全急救、環境保護在內的 11 個領域，45 個細分類的應用。

這也使數位孿生成為數位化轉型進程中炙手可熱的焦點。Gartner 和樹根互連共同出版的行業白皮書《如何利用數位孿生説明企業創造價值》中預測，到 2021 年，半數的大型工業企業將使用數位孿生，從而使這些企業的效率提高 10%；到 2024 年，將有超過 25% 的全新數位孿生將作為新 IoT 原生業務應用的綁定功能被採用。

為創新賦能

數位孿生和沿用了幾十年基於經驗的傳統設計和製造理念相去甚遠，使設計人員可以不用透過開發實際的物理原型來驗證設計理念，不用透過複雜的物理實驗來驗證產品的可靠性，不需要進行小批量試製就可以直接預測生產瓶頸，甚至不需要去現場就可以洞悉銷售給客戶的產品運行情況。

因此，這種數位化轉變對傳統工業企業來說可能非常難以改變及適應，但這種方式確實是先進的、契合科技發展方向的，無疑將貫穿產品的生命週期，不僅可以加速產品的開發過程，提高開發和生產的有效性和經濟性，更能有效地瞭解產品的使用情況並説明客戶避免損失，還能精準地將客戶的真實使用情況回饋到設計端，實現產品的有效改進。從這一角度來講，數位孿生還將具有前所未有的創新意義。

首先，數位孿生透過設計工具、模擬工具、物聯網、虛擬實境等各種數位化的手段，將物理設備的各種屬性映射到虛擬空間中，形成可拆解、可複製、可轉移、可修改、可刪除、可重覆操作的數位鏡像，這極大加速了操作人員對物理實體的瞭解，可以讓很多原來由於物理條件限制、必須依賴於真實的物理實體而無法完成的操作方式（如模擬仿真、批量複製、虛擬裝配等）成為觸手可及的工具，更能激發人們去探索新的途徑來優化設計、製造和服務。

其次，數位孿生將帶來更全面的測量。只要能夠測量，就能夠改善，這是工業領域不變的真理。無論是設計、製造還是服務，都需要精確地測量物理實體的各種屬性、參數和運行狀態，以實現精準的分析和優化。但是傳統的測量方法必須依賴價格昂貴的物理測量工具，如感測器、採集系統、檢測系統等，才能夠得到有效的測量結果，而這無疑會限制測量覆蓋的範圍，對於很多無法直接採集的測量值的指標往往愛莫能助。

而數位孿生卻可以藉助物聯網和大數據技術，透過採集有限的物理感測器指標的直接資料，並藉助大樣本庫，透過機器學習推測出一些原本無法直接測量的指標。例如，利用潤滑油溫度、繞組溫度、轉子扭矩等一系列指標的歷史資料，透過機器學習來建構不同的故障特徵模型，間接推測出發電機系統的健康指標。

最後，數位孿生還將帶來更全面的分析和預測能力。現有的產品全生命週期管理很少能夠實現精準預測，因此往往無法對隱藏在表像下的問題進行預判。而數位孿生可以結合物聯網的資料獲取、大數據的處理和人工智慧的建模分析，實現對當前狀態的評估、對過去發生問題的診斷，並給予分析的結果，模擬各種可能性，以及實現對未來趨勢的預測，進而實現更全面的決策支援。

1.4 數位孿生蔚然成風

作為第四次工業革命的一個戰略性的技術趨勢，數位孿生正在逐漸走向成熟並成為主流技術，從近年來市場對數位孿生的期待。

2016 年，Gartner 率先把數位孿生列入物聯網超級週期，開啟了數位孿生造風的流程。2017 年，Gartner 指出企業要「為數位孿生的衝擊做好準備」，並認為「現在數位孿生已經融合了多種因素，使數位孿生的概念成為一種顛覆性趨勢，並將在未來五年乃至更長時間內產生越來越廣泛和深遠的影響。」Gartner 預測，到 2021 年，將有一半的大型工業公司使用數位孿生，從而使組織的效率提高 10%。

2017 年 6 月至 7 月，Gartner 調查了美國、德國、中國、日本的 202 位已經提供了物聯網解決方案或正在進行物聯網專案的受訪者，並收集了有關 IoT 部署最佳實踐和開發 IoT 解決方案的策略資訊。調查顯示，在實施物聯網專案的組織中，有 13% 的組織已經在使用數位孿生，而 62% 的組織正在建立數位孿生或正在計畫做。調查特別指出，數位孿生可以說明緩解一些關鍵的供應鏈挑戰。比如，對於缺乏跨職能協作或缺乏整個供應鏈的可見性上，數位孿生就可以良好地幫助供應鏈面對這些挑戰。因此，數位孿生投資應以價值鏈為驅動力，以使產品和資產利益相關者能夠以更加結構化和整體的方式來管理和管理產品或資產。

此外，根據 2017 年的另一份調查：Accenture 針對 150 家全球領先通訊、媒體、高科技、航空及國防行業公司高管進行調查研究，結果顯示，數位孿生已被大多數領先企業納入中長期戰略—— 90% 的受訪者的公司正在對其現有的或新的產品和服務進行應用數位孿生的可行性評估。大多數公司高管認為數位孿生先行者將實現 30% 的收入增長。Accenture 預測，數位孿生的技術應用在未來 5 年內將會翻倍。

2018 年，Gartner 預測的新興技術炒作週期中，數位孿生成為炒作週期的頂峰，Gartner 認為，數位孿生要 5-10 年才趨於成熟。然而，事實是，數位孿生的成熟週期比 Gartner2018 預測的還要來得早些。

基於此，2019 年，Gartner 對這一發展趨勢做了調查研究和分析。2019 年 2 月 Gartner 發佈的研究報告顯示：數位孿生正在逐漸進入應用的主流，也就是說，數位孿生技術比預期的更快趨於成熟，並開始被更多領域重視和採用，特別是物流和供應鏈領域。

同年 9 月，Gartner 的分析師 Alfonso Velosa 等發表了《市場趨勢：軟體提供商逐步服務於新興的數位孿生市場》，研究了值得關注的供應商後指出：數位孿生是企業數位業務專案中迅速興起和發展的一部分，技術和服務提供者需要建立其支援數位雙胞胎的技術能力和產品組合，並加強其進入市場的戰略，以建立差異化的價值地位。

2019 年 Gartner 的兩個研究報告，也宣告了美國的數位孿生技術造風過程進入市場銷售階段。

正如 Gartner 公司所認為的那樣，數位孿生體技術目前正在進入主流應用。2017 年，數位孿生體出現在 Gartner 新興技術成熟度曲線的上升段，2018 年到達曲線頂點。2019 年未出現在曲線中，標誌著它已不再是新興技術，而是進入主流技術行列。而且，數位孿生體技術不是一般的新興技術或主流技術。它從 2017 年到 2019 年，連續三年入選 Gartner 十大戰略技術趨勢。戰略技術趨勢意謂著具有重大顛覆性潛力的趨勢，正在從新興狀態中發展壯大，有望產生更廣泛的影響及應用範圍，或者正在以巨大的波動性迅速增長，並預計能夠在未來五年內跨越新興技術成熟度曲線的低谷到達成熟應用的平台期。

2019 年 2 月 Gartner 公司發佈調查和預測，實施物聯網的組織中，有 13% 已經在使用數位孿生體，而 62% 的組織正在建立數位孿生體或正在計畫這樣做；預計到 2022 年，實施物聯網的公司超過 2/3 將使用數位孿生體，樂觀估計，甚至在 2020 年就會達到這一比例。

2019 年 7 月，Gartner 公司發佈數位政府技術成熟度曲線，「政府的數位孿生體」出現在曲線的起點；2019 年 9 月，美國召開首次智慧城市和數位孿生體融合研討會；2019 年 10 月 Gartner 公司發佈 2020 年十大戰略技術中，其中的第一項——超自動化（指透過多種機器學習、軟體和自動化工具的打包組合來完成工作）就認為，在模型驅動的組織基礎上，實現組織的數位孿生體是獲得超自動化全部收益的預先要求和前提。這些事件無不昭示著數位孿生已經開始進入深度開發和大規模擴展應用期。

2020 年，Deloitte 最新技術趨勢報告中，數位孿生已成為認知和分析最重要的技術趨勢。該報告引用 Marketsand Markets 和 IDC 的研究資料表明，對數位孿生技術的探索已經展開：2019 年數位孿生市場的價值為 38 億美元，預計 2025 年將增至 358 億美元。六年九倍多的增速，可謂是飛速發展。

2021 年，據泰伯網不完全統計，有 15 家數位孿生、時空資料相關企業完成融資，總規模超過 10 億元，而此次統計僅限於智慧城市空間資料服務企業，未包含智慧醫療等專業領域，部分未公開金額則未估算。

比如，2021 年 1 月 15 日，全棧時空 AI 企業維智科技 WAYZ 宣佈完成 4000 萬美元的 A+ 輪融資，用於加強在時空人工智慧領域的科技創新能力、加大核心時空資料和知識資產建設與投入。3 月，空間大數據公司星閃世圖宣佈完成近億元人民幣 B 輪融資，本輪融資資金將用於空間大數據與數位孿生產品技術的持續研發投入和全國範圍內的空間資料智慧應用業務拓展。9 月，裝配式裝修企業變形積木宣佈完成 B+ 輪 1 億元融資，主要用於 BIM 智慧化系統搭建與完善。10 月，數位孿生平台提供商 DataMesh（北京商詢科技有限公司）完成近億元 B1 輪融資，欲打造工業、建築場景下的「元宇宙」。同在 10 月，飛渡科技完成近億元 A 輪融資，創始人兼 CEO 宋彬介紹：本輪融資將專項用於數位孿生、BIM 等關鍵核心技術的迭代研發，及 SaaS 產品的推廣，等等。

正如 Deloitte 在 2020 年最新技術趨勢報告中指出的那樣：「數位孿生發展勢頭迅猛，得益於快速發展的模擬和建模能力、更好的互通性和物聯網感測器、以及更多可用的工具和計算的基礎架構等，因此各領域內的大小型企業都可以更多地接觸到數位孿生技術。IDC 預測到 2022 年，40% 的物聯網平台供應商將整合模擬平台、系統和功能來創建數位孿生，70% 的製造商將使用該技術進行流程模擬和場景評估。」

可以說，得益於物聯網、大數據、雲端運算、人工智慧等新一代資訊技術的發展，數位孿生的實施已經進入快車道，逐漸被應用於製造業、交通、醫療等多個領域。物聯網、大數據等前沿技術的發展打破了資料孤島，把物理世界的資料快速傳遞到數位孿生世界，說明數位世界快速優化、意見回饋。

數位孿生已經成為了數位化的必然結果和必經之路。數位孿生所強調的與現實世界一一映射、即時互動的虛擬世界也將日益嵌入社會的生產和生活，幫助實現現實世界的精準管控，降低運行成本，提升管理效率。

PART 2
應用篇

Chapter 02

數位孿生＋智慧製造

2.1 讓製造更智慧

無農不穩，無工不強。作為真正具有強大造血功能的產業，加工製造業對經濟的持續繁榮和社會穩定舉足輕重。加工製造業的發展讓人類有更大的能力去改造自然並獲取資源，其生產的產品被直接或間接地運用於人們的消費當中，極大地提升了人們的生活水準。可以說，自第一次工業革命以來，加工製作業就在一定意義上決定著人類的生存與發展。

然而，近年來，由於發達國家的產業空心化和發展中國家的產業低值化，加工製造業困局顯現，發達國家大批工人失業且出現貿易逆差，發展中國家利潤和環境不斷惡化。大量製造企業面臨生存危機，製造業企業的數位化、網路化、智慧化轉型升級迫在眉睫。製造業在逐步走向智慧化的過程中，數位孿生作為製造業智慧化的核心技術之一，受到了越來越多的關注和研究。

製造業數位化轉型之需

加工製造業對於人類生活的重要性毋庸置疑。加工製造業是經濟增長的發動機，加工製造業的增長可以在製造業內部和製造業以外的其他產業創造更多經濟活動，具有較高乘數效應和廣泛的經濟聯繫。製造業增長比其他產業相同規模的增長將創造更多的研發活動。製造業創新活動對於推動生產率提高非常重要，而生產率增長則是生活水準提高的源泉。

然而，自 20 世紀 70 年代以來，整個資本主義世界的發達國家中卻出現了「去工業化」的浪潮。以美國為例，美國從二戰後便開始了「去工業化」歷程，作為在「二戰」之前已經完成工業化進程並開始進入後工業化階段的傳統工業化國家，美國在戰後初期為繞過歐共體的關稅壁壘而改變了以往向西歐直接出口機電、汽車等產品的做法，轉而在歐洲進行了大規模的直接投資進行本土化生產。

戰後美國的產業空心化進程實際上反映了戰後美國產業結構的「脫實向虛」的深刻趨勢。在這一過程中，製造業不斷萎縮並被當成了美國的「夕陽產業」，從製造業在國民經濟中的產值比例看，美國製造業在戰後出現了明顯的下降趨勢。除了電子產品製造業等少數部門外，機械製造業、汽車製造業等傳統的製造業產值比例都出現了長期的趨勢性下降。本應服務於實體經濟的虛擬經濟卻不斷膨脹。

儘管西方國家的「去工業化」舉措曾經一度被視為明智之舉，被認為是當一國處於工業化中後期時，其技術和資本積累足夠雄厚，並且居民的消費水準較高時的必然改變，但事到如今，「去工業化」已危害盡顯。

一方面，去工業化造成了生產效率的損失。去工業化使得勞動力從較高生產率的製造業流向較低生產率的服務業，這將降低社會生產效率。另一方面，去工業化導致了要素投入的降低。相對而言，服務業的資本勞動比率較低，對資本的需求與勞動投入也較低，因此隨著勞動力從製造業流向服務業，將減少對資本和勞動的引致需求，從而帶來失業以及經濟發展的滯緩。

在美國，隨著製造業產值比例的下降，大量的勞動力從製造業中被「擠出」，而這些勞動力又無法在短期內被其他產業部門吸收，由此造成了美國長期以來的就業難題。特別是從 20 世紀 80 年代以來，美國的製造業就業人口比例出現了大幅下降。美國製造業就業份額的下降，固然與其產業自身勞動生產率提高有關，但更大程度上則是受到了產業部門整體性下降的影響。

從工業轉移出來的人口進入服務業，而作為吸納大量就業人口的服務業，卻也分為高端服務業和低端服務業，前者主要包括金融、會計、法律、醫療、教育等需要專業知識的服務業崗位，收入較高，卻就業崗位少。

而低端服務業則大多不需要多高深的專業知識和技能，門檻低，但收入偏低。而社會的中間階層——藍領工人則在去工業化的過程中逐漸消亡，其結果就是加速了社會貧富兩極分化，在社會各階級之間築起藩籬，激化了階級矛盾。於是，隨著「去工業化」，大批工人失業，階層流動趨於停滯。

更重要的是，當工業資本向其它國家轉移時，則不可避免的出現了產業空心化現象。由於在二十世紀七十年代以來英美等國將大量高端製造業轉移向德日韓等地區，而從九十年代開始又把基礎製造業大規模移向了以中國為主的發展中國家。這使得英美等國的國內呈現出產業空心化的特徵，出現了徹底的去工業化現象。缺乏工業支撐將導致國家面臨的風險大幅增加。由美國次貸危機引致的全球金融危機就是一個深刻的教訓——當實體經濟尚不足以支援第三產業持久發展繁榮所必需的工業基礎時，去工業化就有待糾偏，重新回到再工業化軌道上來。

在這樣的背景下，美、英、歐盟等一度「去工業化」的西方發達國家開始重新審視實體經濟與虛擬經濟的關係，紛紛將「再工業化」作為重塑競爭優勢的重要戰略，製造業的地位再次受到重視。但此次「再工業化」的政策內涵卻與以往的「工業化」不同，「再工業化」不再停留於以往重振、「迴歸」製造業的範疇，其實質是要發展以高新技術推進的高端、先進製造業，實現製造業的升級，從製造業的現代化、進階化和清潔化中尋找增長點，以此奠定未來經濟長期繁榮和可持續發展的基礎。

在這樣的背景下，數位孿生成為了「再工業化」最為關鍵和基礎性技術之一。數位孿生作為連接物理世界和資訊世界虛實互動的閉環優化技術，是推動製造業數位化轉型，促進數位經濟發展的重要突破口。當前，隨著物聯網、大數據、雲端運算、人工智慧等新型資訊與通訊技術席捲全球，數位孿生得到越來越廣泛應用。其中，在智慧製造領域，數位孿生被認為是一種實現製造資訊世界與物理世界交互融合的有效手段。

數位孿生以資料和模型為驅動，能夠打通業務和管理層面的資料流程，即時、連接、映射、分析、回饋物理世界行為，使加工製造業全要素、全產業鏈、全價值鏈達到最大限度閉環優化，助力企業提升資源優化配置，有助於加快製造工藝數位化、生產系統模型化、服務能力生態化。透過數位孿生技術的使用，將大幅推動產品在設計、生產、維護及維修等環節的變革。可以說，基於模型、資料、服務方面的優勢，數位孿生正成為製造業數位化轉型的核心驅動力。

數位孿生製造應用之典型場景

數位孿生是一系列賦能技術的綜合應用。在產品生命週期的不同階段，有不同的主流技術應用於數位孿生。不論是在研發設計環節，是生產製造環節，還是對於製造業企業的數位化轉型來說，數位孿生都將會發揮越來越大的作用，成為智慧製造的基石。

在產品的設計階段，使用數位孿生可提高設計的準確性，並驗證產品在真實環境中的性能，主要功能包括數位模型設計、模擬和仿真。對產品的結構、外形、功能和性能（強度、剛度、模態、流場、熱、電磁場等）進行模擬，用於優化設計、改進性能的同時，也降低成本。在個性化定制需求盛行的今天，設計需求及其變申資訊的即時獲取成為企業的一項重要競爭力。可以及時回饋產品當前運行資料的數位孿生成為解決這一問題的關鍵。

從產生的價值來看，在研發設計領域使用數位孿生，能夠提高產品性能，縮短研發週期，為企業帶來豐厚的回報。可以預期，隨著數位孿生的進化，大數據、人工智慧、機器學習、增強現實等新技術進入研發設計階段後，研發設計將真正實現「所想即所得」。

大數據系統會收集產品使用的回饋資訊，以及客戶對產品的需求變化，這些動態的需求資訊是數位孿生設計的輸入；根據這些資料，人工智慧技術自動完成產品的需求篩選；產品需求會傳遞給 CAD 建模系統。越來越智慧的 CAD 系統將無需人工互動操作，直接實現虛擬建模；虛擬三維模型自動傳遞給智慧 CAE 模擬系統，實現快速性能評估，並根據評估效果進行產品優化；增強現實技術讓研究人員能直接體驗虛擬產品，測試產品功能和性能相關的各項指標；利用雲端平台和物聯網，虛擬產品能直接到達使用者桌面。使用者可以直接參與產品使用體驗，給出回饋意見，形成新的需求資訊。數位技術的融合將真正打造一個閉環的研發設計場景，不僅會動態優化產品的設計過程，使其更加貼近用戶，更會大幅縮短產品研發設計週期，支援製造業和服務業的深度融合。

在產品的製造階段，使用數位孿生可以縮短產品導入時間，提高設計品質，降低生產成本和加快上市速度。製造階段的數位孿生是一個高度協同的過程，透過數位化手段建構起來的數位生產線，將產品本身的數位孿生同生產設備、生產過程等其他形態的數位孿生形成「共智關係」，實現生產過程的模擬、參數優化、關鍵指標的監控和過程能力的評估。同時，數位生產線與物理生產線即時互動，物理環境的當前狀態作為每次模擬的初始條件和計算環境，數位生產線的參數優化之後，即時回饋到物理生產線進行調控。

數位孿生技術能夠説明生產製造企業優化產品生產製造流程，透過滿足製造業企業的生產需求，制定全方位數位孿生服務，形成生產流程視覺化、生產工藝可預測優化、遠端監控與故障診斷在生產管控中高度整合，提升企業生產品質，提高對生產製造的管控水準。

此外，圍繞製造業企業的數位化轉型，數位孿生技術，還能協助透過深化改革、技術改造和現代管理，實現企業數位業務化以資料流程帶動技術流、資金流、人才流、物資流，實現降本增效。在設備方面，數位孿生將説明企業提升設備管理運行效率、降低產品生產設備故障率、降低設備維護成本等以降低企業營運成本。

可以説，數位孿生深入設計、生產、物流、服務等活動環節，貫穿產品的全生命週期，滲透到設備、工廠、企業、產業鏈各個層級應用，創造以產業升級、業務創新、全數位化個性化定制為導向的新的營運模式，擺脱舊商業模式束縛，觸發新型生產模式和商業模式的演進，助力企業升級改造，為傳統製造轉型升級賦能。

隨著企業數位化轉型需求的提升，數位孿生技術將持續在製造業領域發揮作用，在製造各個業領域形成更深層次應用場景，透過跨設備、跨系統、跨廠區、跨地區的全面互連互通，實現全要素、全產業鏈、全價值鏈的全面連接，為製造領域帶來巨大轉型變革。

降本增效，提質創收

對於製造業整體來說，數位孿生應用的本質是利用數位孿生技術開啟價值創造新模式，即——降本、增效、提質、創收。

從降低成本來看，數位孿生因其閉環雙向溝通能力，可以聚焦業務水準、管理機制、理念能力，幫助企業減少非必要的浪費。其所創造的價值具體表現在減少維運成本、減少故障損失、降低試誤成本、減少資源浪費、降低能耗和降低用工量等方面。相應地，利用數位孿生，企業可以從深化改革、技術改造和現代管理等方面降本減負；創新企業營運模式，打造綠色可持續發展的營運環境。

從增加效率來看，數位孿生為企業創造的價值可表現在優化資源配置、提高員工工作效率、提升柔性製造能力、優化業務流程、縮短產品交付週期和縮短產品研發週期等方面，可使企業聚焦長短互補，事半功倍，推動企業釋放更大的增值，重塑企業活力。因此，伴隨著新生價值的創造，打造高效營運體系，衍生了增效的價值理念：緊跟市場訊息技術動向，升級改造資訊網路，建構網際網路生態系統；即時緊跟供給需求動向，打造高度協同的供應鏈，促使企業營運閉環高效。

從提升品質來看，圍繞加工製造業設備產品的設計和製造的品質，數位孿生系統能夠說明企業和使用者全面追溯產品資訊，以優化產品設計、降低產品使用的故障率、降低產品的返修率和降低次品率，提高對產品品質的管控水準。透過滿足使用者需求、給予使用者全方位服務，最終企業可衍生出提質的價值理念：產業升級、業務創新，開啟產品個性化定制為導向的新的營運模式；提升自身競爭力，樹立企業信譽，一體化服務於市場行銷，維繫企業與使用者關係，打造產品全生命週期服務體系。

最後，從創造收益來看，數位孿生能夠說明企業分析客戶痛點需求，實現精準的客戶洞察和市場洞察，助力企業升級改造。比如，在主營業務增長、全新市場策略、吸引投資、增加客戶生命週期價值、單位產品增值和新的市場機會等方面。因此，面向以市場需求為導向的生產體系，數位孿生技術將助力企業衍生新的價值理念，擺脱舊商業模式束縛，突破生產、技術、服務瓶頸，打造新商業模式，並拓寬眼界，接觸新興技術，敏鋭感知市場變動，賦予自身敏鋭洞察新業務的能力。

2.2 汽車發動機裝配

(一) 應用背景

發動機是汽車領域技術最密集的關鍵部件，如果在裝配中出現品質問題，將直接影響駕車的安全。在傳統汽車發動機裝配過程中，由於被裝配零件的多樣性、工藝的繁瑣性，汽車發動機裝配往往存在低效且出錯率高的情況。據統計，在現代製造中裝配工作量占整個產品研製工作量的 20% ～ 70%，平均為 45%，裝配時間占整個製造時間的 40% ～ 60%。

長期以來，機械加工與裝配技術的發展並不平衡。一方面，與機械加工用的機床等工藝裝備不同，裝配工藝裝備是一種特殊的機械，其通常是為特定的產品裝配而設計與製造的，因此具有較高的開發成本和開發週期，在使用中的柔性也較差，導致裝配工藝裝備的發展滯後於產品加工工藝裝備。另一方面，裝配具有系統整合和複雜性特徵，產品裝配性能是指受裝配環節影響的部分產品性能，通常裝配不僅要保證產品的幾何裝配性能，例如裝配精度，包括相互位置精度、相對運動精度和相互配合精度等，有時還需保證其物理裝配性能，例如發動機轉子的振動特性，裝配問題的複雜性導致裝配的工藝性基礎研究進展方面與機械加工相比，也相對滯後。

並且，通常產品的性能來源於設計、加工與裝配等環節的共同保證，其中裝配對產品性能有很大影響。工程中，相同的零部件，如果裝配工藝不同，其裝配後的產品性能差異有時很大；甚至如果裝配品質不好，即使有高品質的零件，也會出現不合格的產品。

但隨著機器學習、大數據、雲端運算和 IoT 等技術的快速發展，人們逐漸認識到僅從設計角度考慮產品裝配性的侷限性，因此面向生產現場的裝配過程模擬和裝配規劃技術也開始出現在汽車發動機裝配的環節裡。汽車發動機裝配技術開始由數位化模型模擬為主的虛擬裝配逐漸向虛實深度融合的智慧化裝配方向發展。其中，如何實現裝配虛實空間的深度融合，是推動智慧化落地的關鍵。

數位孿生透過整合新一代資訊技術實現了虛擬空間與物理空間的資訊交互與融合，即由實到虛的即時映射和由虛到實的即時智慧化控制。基於此，將數位孿生應用在汽車發動機的裝配中成為當前的重點研究方向。

(二) 案例特點

汽車發動機的裝配可以分為裝配設計、裝配過程和品質評估三個階段，將數位孿生應用在汽車發動機裝配，需要根據這三個階段分別建立相對應的數位孿生。包括根據不同裝配階段所包含物件和功能的不同，在裝配設計數位孿生中包含零組件數位孿生和裝配工藝孿生體；在裝配過程數位孿生中包含了裝配運算元字孿生和設備數位孿生；在品質評估數位孿生中包含了階段評估數位孿生和綜合評估數位孿生。在多數位孿生協同裝配中，突出了數位孿生對高精密產品的動態優化。

具體來看，在裝配設計階段，透過建立的零組件數位孿生模型，在裝配約束條件下進行裝配工藝模擬，然後對發動機總成數模進行干涉檢查，包括發動機本體零部件之間的靜態干涉檢查及運動部件的運動間隙檢查，發動機總成與發動機艙中其他零件之間的干涉檢查。

對於不滿足干涉檢查及間隙要求的零件，需要對裝配過程進行分析驗證，包括對裝配順序、安裝工具及裝配空間的可操作性進行分析，評估對製造系統的影響。對於不滿足要求的零件進行裝配工藝的調整，如果調整工藝後仍不滿足，則需要分析零件設計是否合理，並根據情況改進零件設計，同時修改零件數模，直到滿足可裝配性的要求。

在裝配分析的過程中，同時進行設計和驗證裝配工藝，得出滿足裝配品質要求的裝配工藝。將裝配工藝下達至裝配工廠，在實際裝配過程中建立裝配設備數位孿生模型和裝配運算元字孿生模型，控制和監測實際裝配活動。同時建立裝配品質評估數位孿生模型，對裝配過程進行階段和綜合的裝配品質評估。對於裝配品質評估不合格的部分工藝進行多目標優化。

(三) 實施成效

在傳統的發動機缸體單元裝配方法中，裝配設計階段虛擬模擬得出的裝配工藝是透過理想幾何模型及理論資料產生的，無法正確指導實際裝配過程，使得裝配設計與裝配過程出現脱節。在實際裝配過程中需要人工推算多道工序的預留公差，這給裝配操作帶來了極大的難度，且裝配耗時較長，裝配成功率較低。

利用多數位孿生協同裝配方法實現了不同裝配階段數位孿生的高效協同。在完成每一裝配工序後，均可利用機器學習演算法進行下一道或多道工序的裝配品質預測和工藝優化，實現了裝配過程的智慧決策。

將傳統裝配方法與本方法進行對比，取 20 台發動機裝配的實驗結果，每一階段的平均裝配時間均有所減少，裝配品質一致性均有所提高。同時這種智慧化裝配方法還降低了裝配過程的操作難度。

2.3 智慧紡織工廠

(一)　應用背景

當前，國際經濟形勢正處於劇烈變化的階段，紡織產業作為中國國民經濟的支柱產業和重要的民生產業，同時也是具有明顯國際競爭優勢的重要產業。在這樣的背景下，中國紡織、化纖、針織、印染、制衣等各領域的生產企業為應對複雜的發展形勢，正積極主動地尋找適應產業升級、製造模式升級的新路徑。

目前，中國紡織行業在紡織裝備數位化、網路化，紡織工廠資訊化方面取得了顯著的進步，但在智慧工廠發展方面仍面臨模式創新不足、技術能力尚未形成、融合新生態發展不足、核心技術、軟體支撐能力薄弱等問題。

基於此，數位孿生如何在現代傳感技術、自動化技術、網路技術、擬人化智慧技術等先進技術的基礎上，透過智慧化的感知、人機互動、決策和執行技術，實現設計過程、製造過程和製造裝備智慧化，打造真正的智慧紡織工廠，實現智慧紡織製造和生產的關鍵支撐技術。基於數位孿生技術的智慧紡織工廠參考模型、紡織關鍵設備資訊模型、紡織工藝資訊模型及智慧紡織單元架構，將為建立適用於中國紡織領域的數位孿生技術，提升智慧紡織生產與提供精實管理思路。

(二) 案例特點

紡織領域涉及機械、化學工程、自動化、環境和藝術設計等多學科知識，產品包括纖維、紗線、織物、紡織製成品、紡織機械、紡織關鍵零部件等紡織裝備產品及紡織生產管理、維運等環節。在領域不同，物件不同的情況下，應用數位孿生技術推進智慧紡織工廠建設，最重要的就是實現物理系統和資訊系統之間的互連互通。

以智慧紡織工廠為例，首先，依據工藝流程將智慧紡織工廠分為清梳、並粗、細紗和絡筒 4 個智慧生產單元。隨後，透過工業網際網路技術將狀態感知、傳輸、計算與製造過程融合起來，形成「感知 - 分析 - 決策 - 執行」的資料自由流動閉環，最終建立以單元為基礎的智慧紡織工廠數位孿生模型。

其中，智慧紡織單元數位孿生模型的基礎，就是智慧生產設備間的互連互通。參考國家標準 GB/Z28821《關係資料管理系統技術要求》和 GB/Z32630《非結構化資料管理系統技術要求》，結合紡織工廠資料具體儲存形式，建構智慧紡織單元數位孿生模型，需要對紡織裝備互連互通資訊模型進行規範，包括對工廠數位化設備的互連互通資訊模型進行規範定義，透過規範運行定義管理、執行管理和資料獲取，實現生產運行資料、品質運行資料、維護運行資料和物流運行資料的互連互通。

為建構智慧紡織工廠內的資訊流動規範，除了要規範設備互連互通標準，還應規範工藝資訊標準，使工廠全流程生產智慧管控得以實現。基於此，在國內外通用訊息模型應用具體實例的基礎上，參考國際技術規範 IEC/PAS63088《智慧製造工業 4.0 參考架構模型》，建構智慧紡織工廠還需要對紡織流程資訊模型進行規範，包括對紡織流程中涉及的紡織工廠生產計畫與調度、紡織工藝執行與管理、紡織生產過程品質管制、紡織生產流程管理和紡織工廠設備管理過程中的資訊模型進行規範。

此外，智慧紡織單元是智慧紡織工廠的基礎，是實現紡織全流程智慧化管控的基礎。紡織工藝流程長，從抓棉、清棉、梳棉至絡筒、打包有十幾道工序，涉及幾十種紡織設備。根據紡織工藝特點，將紡織設備群分為清梳、並粗、細紗、絡筒等 4 個生產單元。每個單元均需要具有實體層、通訊層、資訊層及控制層。

(三) 實施成效

首先，透過在紡織智慧工廠中依據工藝流程建設清梳、並粗、細紗和絡筒 4 個智慧生產單元的數位孿生模型，構成含有「感知 - 分析 - 決

策 - 執行」的資料自由流動閉環，可為製造工藝與流程資訊化提供資料基礎和控制基礎。透過單元內部資源優化，有望實現高效的工廠資源優化，這也是建設紡織智慧工廠的基礎。

其次，紡織生產設備需具備長時間連續穩定運行的能力，建設無人工廠更是紡織行業的發展重點。完善的紡織單元數位孿生模型必須能夠實現設備運行狀態預測，透過即時監測資料，進行設備的故障診斷，進而提前規避風險，實施預防性維護，自動制訂停產檢測維修計畫。

最後，透過各智慧生產單元間、生產單元與工廠管理系統間以及各單元內部的智慧紡織機械之間的互連，能夠實現各層次資訊的共用和資料傳輸以及物流和資訊流的統一；透過建立工廠資料模型支撐生產過程的自動化處理，以及提取生產單元的生產狀況並採用大數據分析技術，能夠為指導生產和優化工藝提供智慧決策，真正實現紡織工廠全廠管控一體化。

2.4 工業網路與設備的虛擬除錯

(一) 應用背景

新生產系統的設計和實施通常耗時長且成本高，完成設計、採購、安裝後，在移交生產運行之前還需要一個階段，即除錯階段。如果在開發過程中的任何地方出現了錯誤而沒有被發現，那麼每個開發階段的錯誤成本將大幅增加，未檢測到的錯誤可能會在除錯期間造成設備重大的損壞。並且，隨著工藝要求和控制複雜度的增加，使得本來就很棘手的設備除錯變得更加棘手，脫離了現場運行環境，機械、電氣部件和自動化軟體就得不到充分的除錯，設備設計的正確性和有效性等得不到有效的保障。

可以說，除錯階段是工程師發現錯誤，修改設計，編寫和優化程式，以及對操作人員進行新設備、新操作流程培訓的一個階段。這個階段若沒有順利進行，則不僅會造成延遲生產，也會造成成本超支，並可能導致延遲發貨，影響客戶滿意度。基於數位孿生是物理資產的準確表徵，因此，可以透過數位孿生對新網路或設備設計的虛擬除錯。

在透過數位孿生進行虛擬除錯時，如果發現問題需要進行設計優化，則可以在電腦上對虛擬的系統模型進行更改，虛擬除錯允許重新更改網路規劃、重新程式設計機器人或更改變頻驅動器、PLC 程式設計等操作。一旦重新程式設計，系統會再次進行測試，如果通過，則可以進行下一階段的物理部署。透過虛擬除錯實現對設備的設計進行模擬驗證，縮短從設計到物理實現的時間；使用虛擬除錯來提前測試設備運動部件以發現機械干涉，以及提前驗證自動化 PLC 程式設計和人機介面軟體，這樣可以使現場的除錯速度更快，風險更低。

(二) 案例特點

虛擬除錯與過去新生產系統的除錯階段最大的不同，就在於「虛擬」。虛擬除錯透過在虛擬世界中創建數位孿生，然後模擬新網路或設備的功能測試和模型驗證，這樣就可以實現與物理世界中除錯新網路或設備相同的規劃、模擬和測試；透過虛擬環境中的程式碼測試和除錯，可以發現設計問題以及對解決方案的快速評估；透過模擬新設備的產能，可以識別空間限制和對現有操作的影響，以便在安裝前解決這些問題。

具體來看，對設備的虛擬除錯，首先瞭解設備的真實控制機制，分析每個運動的真實物理場景中所對應的控制訊號，建立虛擬裝置模型，創建及匹配相應的訊號，並使用訊號來控制運動模型的動作，模擬實際機械部件的運動情況，為後續的虛擬除錯做基礎。隨後，透過數位孿生技術建立虛擬控制系統和建立虛擬模型與虛擬控制系統的映射關係。最後，運行虛擬裝置模型，查看程式控制的運動情況。透過虛擬裝置模型的運動和控制邏輯模擬，驗證設計的可用性，優化改進自動化模型、電氣和行為模型，以及物料和運動模型，避免造成硬體資源的浪費。

(三) 實施成效

工業網路和設備的設計過程很難預測到生產和使用過程會不會出現問題，而虛擬除錯帶來許多好處之一就是驗證工業網路和設備設計的可行性。

虛擬除錯允許設計者在物理設備生產之前進行任何修改和優化，因為用戶在測試過程中可以修復錯誤，及時對自動化系統或機械設計進行改進優化，可以節省時間。虛擬除錯將每個設計細節都驗證好之後，就可以把這台設備做出來，隨後，只要在物理設備上再做 15% 或者 20% 這樣少量的軟體優化，設備就可以正常運行。透過數位孿生技術的應用，企業能夠在實際投入物理物件（如設備、生產線）之前即能在虛擬環境中進行設計、規劃、優化、模擬、測試、維護與預測等，在實際的生產營運過程中同步優化整個生產流程。

以中國明珞裝備為例，明珞在以汽車車身製造為主導的高端領域裝備領域正大展拳腳，它的裝備成為中國智慧製造高端產品的代表，出口到美國、歐洲、日本、東南亞、南非、阿根廷等地，服務於賓士、寶馬、奧迪、北美知名電動車、福特等全球龍頭企業。

明珞工業物聯網智慧服務平台 MISP 透過對訊號的採集、收取、記錄，獲取每個零部件性能狀態及壽命，分析得到產能和改造需求下的最高效方案，以及可利用的設備和原器件，全面降本增效；MISP 透過虛擬除錯系統在規劃、設計和除錯階段與客戶交換資料和協調，將專案週期縮短了 20%-30%，減少 50% 以上的工程現場除錯時間，最終實現高效率的柔性生產，提高企業核心競爭力。MISP 讓生產線不再是冷冰冰的設備，而是一個生命體，它的每一次「脈搏」，都被系統及時記錄，從而真實瞭解生產線的狀態，大幅度減少企業投資浪費及降低綜合製造成本，促進企業轉型升級與市場競爭力提升。

Chapter 03

數位孿生＋智慧交通

3.1 數位孿生成就未來交通

在城市化進程中，交通是經濟社會發展的命脈。如今的交通方式相比從前已經發生了巨大的變化。無論是出行方式的多樣性，還是出行的便捷度、舒適度、安全性，都得到了全方位的提升。但事實上，人們依舊面對道路擁堵、停車困難、交通事故頻繁等諸多問題。隨著人們對交通出行的穩定性、安全性、便利性的要求越來越高，具有即時性、閉環型的數位孿生技術賦能智慧交通，成為未來交通發展的新方向。

中國 2019 年交通運輸部印發《數位交通發展規劃綱要》，提出建設數位化的採集體系，網路化的傳輸體系和智慧化的應用體系，囊括了資料獲取、資料治理、資料傳輸以及資料應用；《交通強國建設綱要》中，也提及到了數位化、網路化、智慧化的內容。在政策支持和多方的引導下，數位化的升級改造深入整個交通行業，數位孿生相關技術的應用愈發繁多，交通發展邁入數位交通新階段。智慧交通系統、自動駕駛、智慧高速等智慧交通領域掀起了數位孿生應用熱潮，衍生出行業發展新趨勢。

為什麼交通需要數位孿生？

交通擁堵、行車難、停車難、公共出行不準時等問題，不僅讓普通的交通參與者頭疼，更是一直困擾交通管理部門的重點民生問題。

交通參與者也大多經歷過這樣的事情，比如道路擁擠的路段上，剛在交通警察的指揮下走過擁堵的路口，沒行駛出幾分鐘，就又跑到了另一段平時並不擁堵，卻因其他道路疏通影響下變得嚴重擁堵的道路上去。

這就體現出當前交通管理中存在的主要問題，應用離散化，資訊孤島化，對交通問題處理的相對單一且割裂，難以顧及交通運輸的整體性。智慧交通興起於此，在專案建設和營運過程中，更加注重交通資料和系統的互連互通，強調整體解決方案的品質和效果。具備即時性、閉環性的數位孿生進入交通領域，正好彌補了交通管理和控制的不足之處。

具體來看，數位孿生是以數位化方式創建物理實體的虛擬實體，藉助歷史資料、即時資料以及演算法模型等，模擬、驗證、預測、控制物理實體全生命週期過程的技術手段。在道路交通中應用數位孿生技術，不僅可以實現物理實體的虛擬化映射，利用多種感測器和網路通訊技術，還可以實現道路基礎設施生命週期的動態監測，以及路面上交通參與者的精準還原，並依據交通行為判斷和預測可能存在的交通事件和事故風險，依據交通狀態分析道路交通通行狀況，為道路通行診斷和交通管理決策提供精確依據。

其中，數位孿生的核心就在於將物理道路、基礎設施和交通目標全部轉化為帶有特徵資訊的數位資料，從而轉化成供機器自動讀取和識別的語言。在該基礎前提下，我們可以獲取道路和設備全生命週期狀態過程，並將含有位置、速度、角度、輪廓、類型的交通參與目標直接提供給計算單元讀取，自動判別目標行為。

區別於傳統影像監控，數位孿生在立體多維呈現不受光線條件的影響，可最為直觀全面的瞭解即時交通狀態，靈活切換任意視角，迅速查看交通事件發生情況，從路網的交通態勢到微觀車輛的行為，都可一目了然。

數位孿生疊加機器自動識別讀取，可以極大提高交通管理效率，識別到交通異常自動報警並評估對道路通行的影響規模，透過分析交通態勢自動下發應急預案，人工只需要二次確認事故並確認處置方案，較傳統交通管理模式更為便利高效。疊加極低的時延網路，數位孿生對於微觀交通行為的預測，可以依據交通參與者的空間位置、速度、方向等判定碰撞可能性並為車輛或行人提供預警。疊加精準數據分析，數位孿生也可以為交通管理策略、交通應急處置預案優化提供更精準的依據，並不斷優化和支撐數據分析。

道路被重新定義

交通系統具有時變、非線性、不連續、不可測、不可控的特點。無疑，在過去缺少資料的情況下，人們只能在「烏托邦」的狀態下研究城市道路交通。但隨著即時通訊、物聯網、大數據以及數位孿生等技術的發展，資料獲取全覆蓋、解構交通出行逐漸成為了可能，數位孿生技術可以從多個方面賦能智慧交通，以滿足未來出行的需求，一場交通系統的革命已經到來。

首先，數位孿生可以即時採集資料、同步交通運行可視，為交通模型推演提供試驗空間，完成資料的驅動決策。智慧高速就是數位孿生建設和應用的熱點之一。其中，全天候通行系統又是當前智慧高速基於數位孿生技術建設的重點應用之一。部分企業利用數位孿生技術，建設全天候通行系統。透過車路兩端佈置的感測器，將車輛、道路的數據資訊進行即時收集並經過數位孿生技術處理後，結合車道級的高精底圖將最終的效果即時呈現在車端 OBU 顯示幕上，輔助駕駛人員瞭解車輛行駛的道路情況和周邊過車情況，從而保證車輛在雨霧天氣的正常通行。除此之外，車輛行駛過的道路資訊還將同步上傳至數位孿生視覺化平台，說明交通管理人員對道路環境做出預警判斷。

其次，基於真實資料和模型的數位孿生技術，可以提升智慧駕駛的安全穩定性，從而加速智慧駕駛更安全地落地和推廣。數位孿生可以透過搭建真實世界 1:1 數位孿生場景，還原物理世界運行規律，滿足智慧駕駛場景下人工智慧演算法的訓練需求，大幅提升訓練效率和安全度，提升智慧駕駛試驗精度。比如，透過採集鐳射點雲資料，建立高精度地圖，建構自動駕駛數位孿生模型，完成釐米級道路還原，同時對道路資料進行結構化處理，變現為機器可理解的資訊，透過生成大量實際交通事故案例，訓練自動駕駛演算法處理突發場景的能力，最終實現高精度自動駕駛的演算法測試和檢測驗證。

最後，城市區域路面複雜，交通流量變化大，準確量化城市交通動態影像是現代交通的難點。數位孿生可透過對全要素資料彙聚，進行城市畫像，實現對城市交通動態的洞察，建構交通模擬的數位孿生系統，再現中觀和微觀的交通流運行過程，支援交通模擬決策演算法研發，為擁堵溯源等交通流難題提供可靠的工具，為管理者提供可靠的決策依據。平台包括資料融合對接、基礎設施雲端平台、大數據中心、智慧交通系統業務監督管理等功能，打造規範化、系統化、智慧化的智慧網聯業務應用展示中心以及監督管理營運中心；主動自動化預判和識別風險，最大程度降低營運安全隱患，也就是實現所謂的「智慧交通系統」。

智慧交通的未竟之路

當然，雖然數位孿生作為智慧交通的前沿趨勢，其發展方興未艾，縱看當前基於數位孿生的專案規劃和建設，智慧交通系統、自動駕駛、智慧高速、交通路口等領域均已有試點專案或實際專案落地。但距離真正的全域管理、同步可視、虛實互動的數位孿生交通系統仍存在一定差距。

首先，當前，數位孿生的建設和發展還不明確，應用場景較為單一且不夠深入，缺乏建設推進的目的性。各交通細分領域都有展開基於數位孿生的專案規劃和建設，但在初期的規劃和設計方面，依舊停留在解決單個場景下的交通問題，對具體應用場景下的交通問題解決也不夠深入，缺乏對道路交通的整體性規劃，並且對建設最終的呈現效果沒有目的性。

可以說，數位孿生在交通領域的應用還處於初級水準，各專業領域的演算法、模型還有待進一步研發，成熟度不高，因此孿生場景與實際動態交通之間的互動還不夠，數位空間的模擬仿真、態勢預測價值遠未釋放，不少應用最終變成傳統資訊化建設專案。

其次，數位孿生在交通領域也缺乏明確的建設標準和規範。數位孿生的建設是涵蓋整個行業領域的綜合性專案，但歸結於現實世界，領域不同，專案背後的需求責任方也不盡相同，常出現對同一區域的重覆建設，而應用資料和系統建構的專案建設標準和規範也並不統一，在後續的專案協同處理和整合應用上出現以誰為准進行統一的問題。

比如，數位孿生在城市建設中的應用，住房與城鄉建設系統推進的城市資訊模型平台，自然資源與國土規劃主導的時空大數據平台，公安政法條線依託進行城鄉安全和綜合治理的城市底圖，一座城市存在三張底圖，並且每張底圖自成體系，一般僅支撐本系統內應用，不能隨時按需支援其他部分的工作，系統中的資料積澱時間較久，很難放棄也很難整合。

當前，在空間維度，針對各層級模型及數位孿生之間以及與上層級模型及數位孿生的可組合性、綜合孿生、混合孿生等，需要對功能性能、介面、整合、互通性等建立標準規範。在時間維度，針對數位孿生的動態更新、基於數位線程實現全生命週期的數位孿生等，需要對全生命週期的模型傳遞、資料整合等建立相關指導性標準規範。在價值維度，則需要基於優化目標、增值服務等核心需求，聚焦關鍵物件的數位孿生，提供相關指導性標準規範。

最後，數位孿生的關鍵技術依然存在技術桎梏，急待技術的創新突破。數位孿生誕生於多先進學科技術的爆發式發展，依賴於多種感知手段的快速發展。但當前數位孿生所涉及的新型測繪、標識感知、協同計算、全要素表達、模擬仿真等多項關鍵技術自身發展和融合還有待加強，海量資料載入技術、雲邊計算協同技術、模擬仿真技術等成熟度也有待提高，人工智慧、邊緣計算對動態資料快速分析處理能力也有所不足。特別是近年來，高端技術產業包括交通感知產業，在「缺芯」的影響下，更加感受到了國外掌握的關鍵技術和產品對行業發展的限制和封鎖，也對關鍵技術的研發和突破的需求日漸增多。

顯然，基於數位孿生技術的智慧交通協同發展是未來的大勢所趨。在未來，車輛的自主控制能力不斷提高，完全自動駕駛最終將實現，進而改變人車關係，將人從駕駛中解放出來，為人在車內進行資訊消費提供前提條件。車輛將成為網路中的資訊節點，與外界進行大量的資料交換，進而改變車與人、環境的互動模式，即時感知周圍的資訊，衍生更多形態的資訊消費。

同時，道路將被重新定義，未來的道路將是智慧化的數碼道路，每一平方公尺的道路都會被編碼，用主動式無線射頻識別技術（RFID）和被動式無線射頻識別技術（RFID）來發射訊號，智慧交通控制中心和汽車都可以讀取到這些訊號包含的資訊，而且透過 RFID 可以對地下道路、停車場進行精確的定位。依據科學技術發展的趨勢，未來的道路交通系統必然會打破傳統思維，側重體現出人類的感應能力，車輛智慧化和自動化是最基本的要求，因交通事故導致的人員傷亡事件將很難見到，路網的交通承載能力也會大幅提升。當然，這一切得以實現的基礎，是必須確保通訊技術高速、穩定和可靠。

屆時，更為先進的資訊技術、通訊技術、控制技術、傳感技術、計算技術會得到最大限度的整合和應用，人、車、路之間的關係會提升到新的階段，新時代的交通將具備即時、準確、高效、安全、節能等顯著特點，智慧交通系統必將掀起一場技術性的革命。但在那之前，數位孿生仍需腳踏實地，衝破現實的關卡與困境。

3.2 數位孿生天津港

(一) 應用背景

智慧港口作為現代港口運輸的新商業模式，已成為全球港口創新轉型的理念共識。2021 年 10 月 17 日，歷時 21 個月建設的天津港北疆港區 C 段智慧化貨櫃碼頭正式投產營運。

數位孿生天津港，充分利用視覺化、物聯網、模擬仿真等技術，依託三維模型建構港口的倉庫、堆貨場、油罐區、貨櫃、貨架、船舶等，實現逐級可視可控；以出入庫作業、資產監控視覺化為重點，整合影像監控、碼頭泊位、堆貨場管理、倉庫管理、油罐區管理等系統，建構港口的三維展示、監控、告警、定位、分析一體化三維視覺化平台，實現資料全面整合、資訊直觀可視、預警即時智慧、處置規範高效，為天津港智慧管控中心實現扁平化、集約化運作發揮強大的作用。

(二) 案例特點

首先，數位孿生天津港透過 BIM、三維 GIS、大數據、雲端運算、物聯網（IoT）、智慧化等先進數位技術，搭建港區三維模擬場景，同步形成與實體港口「孿生」的數位港口。整合港口所有基礎空間資料、現狀資料、規劃成果等天津港相關資訊，形成資料完備、結構合理的資料統一服務體系，在數位空間實現合併、疊加，實現港口從規劃、建設到管理的全過程、全要素、全方位的數位化模擬及視覺化展示。

其次，數位孿生天津港結合船舶、貨櫃場、交通、氣象以及物聯網設備和監視器等資料，透過三維視覺化平台展示港區全要素的即時動態，可透過滑鼠等交互控制方式，實現在模擬場景中的視角移動、旋轉、縮放等操作，並支援對船舶、業務板塊、具體碼頭公司的資訊查看，可以説明調度指揮人員準確、即時、全面監測和掌握全港生產作業資訊，實現對設備的預測性維護、基於模擬仿真的決策推演以及綜合防災、應急處置的快速回應。

其三，數位孿生天津港實現了對於港口的三維實景仿生的視覺化展現，得以即時接收港口各子系統傳回的數據資訊並進行梳理、儲存、分析、呈現，總攬全域，協調各方。當分析出資料有異常時，智慧化識別問題所在，給出參考解決方案，並及時告知相關負責人員進行處理。管理人員能同時打開多路前端監視器，能即時掌握港口各部門的詳細情況，並能實現對各環節的遠端操作、遠端傳話和調度控制，從而加快推動天津港數位化轉型智慧化升級，提升港口營運效率。

其四，透過虛實融合資料驅動，數位孿生天津港提供了全景視角、港口多維度觀測和全量數據分析，對港口發展態勢提前推演預判，以資料驅動決策，以模擬驗證決策，線上線下虛實迭代，促使資源和能力的最佳配置，促進科學決策。利用全港地形的三維模擬場景和實施堆場作業及船舶位置資料，展示白天和夜間巡航交接班業務關注的天氣、潮汐、環境因素，實現重點物資、重點船舶進出航道智慧操控。

(三)　實施成效

天津智慧港口聚焦基礎建設，增強港口資訊基礎設施綜合服務能力。推進 5G 與北斗技術的融合應用，在裝卸設備遠端操控、自動化貨櫃車運輸系統、貨櫃智慧理貨等方面率先實現碼頭生產全流程常態化應用，成功入圍國家首批「新型基礎設施建設工程」。

天津智慧港口聚焦港口生產，提升設備自動化和智慧化水準。攻克自動化碼頭「一鍵著箱」、自動導引拖板車、地面智慧解鎖站等多項核心技術，引領行業發展新潮流。

天津智慧港口聚焦企業營運，研發行業領先的企業綜合管控系統。成立沿海港口中首個全級次、全業態、全功能的「財稅資源管理」財務共用中心，實現對人事、財務、資產、專案、決策等企業營運全要素的一體化管控，提升企業管理效能。

天津智慧港口聚焦對外服務，全面提升貿易物流便利化水準。搭建「關港集疏港智慧平台」，加強「船邊作業」「抵港裝卸」等作業模式在天津海關的推廣，促進物流企業降本增效，助力提升海關通關效率。

整體來說，天津智慧港口成功運用網際網路、大數據、人工智慧等新技術，與港口各領域深度融合，基於數位孿生技術，實現了智慧港口的高精度模擬、全面監控、精細化管理、智慧化互動，基於 虛擬實境控制，實現遠端控制和遠端維護，使調度指揮人員能夠對航道、錨地、所有泊位的作業資源進行智慧化調度。大幅度提升了全港作業效率，優化了各流程環節，港口裝卸運載效率提升了 30%，對本地經濟的引擎作用進一步得到了凸顯。

3.3 川藏鐵路之「數位天路」

(一) 應用背景

在新鐵路的規劃、設計和施工期間或進行重大升級時，工程數位孿生模型可以根據營運要求優化設計，並透過模擬來降低工期延誤或施工不合規的風險。工程數位孿生模型還可以改善供應鏈內的物流和溝通，從而維持專案進度和預算。在營運期間，性能數位孿生模型將成為最有價值的工具。基於數位學生技術，營運商可以將來自物聯網互連裝置（如可以進行持續勘測以即時追蹤現實環境中的資產變化的無人機）的資料添加到數位化表示中，從而更深入地瞭解營運狀況，這種深入瞭解有助於業主營運商確定維護或升級的優先順序並對其進行相應改進。

因此，如果成功實施數位孿生模型技術，鐵路或交通運輸系統可以實現其最大價值。透過使用數位孿生模型來規劃、設計和建設網路，以及在營運期間利用數位孿生模型，鐵路或交通運輸業主營運商將能夠提升性能和可靠性。

基於此，西南交通大學朱慶教授團隊在建設數位孿生川藏鐵路的探索中，建立了川藏鐵路實體元素分類系統，並對每一個實體元素進行編碼，賦予其唯一的、無歧義的身份標識，實現川藏鐵路多維動態時空資訊與實體元素之間的精準映射，為數位孿生川藏鐵路建設奠定堅實基礎，進一步打造「數位天路」。

(二) 案例特點

數位孿生是川藏鐵路資訊化的重要標誌，也是建設智慧川藏鐵路的新途徑，更是其高標準高品質可持續建設與安全營運不可或缺的先進模式。在數位孿生川藏鐵路的探索中，以 BIM+GIS 為核心的數位孿生川藏鐵路實景三維空間資訊平台（以下稱平台）研發是實現川藏鐵路數位化的關鍵一步。

平台是數位孿生鐵路全生命週期精準映射與融合協同的關鍵基礎支撐和「智慧鐵路大腦」的神經中樞，透過資料 - 模型 - 知識庫的綜合整合管理，旨在形成「透明地球」，實現多模態感知資訊的即時接入與融合分析，提供多層次、多樣化高效靈巧的空間資訊智慧服務，支撐川藏鐵路勘查、設計、施工、維運全生命週期中多層級、多樣化業務的有機協同管理。

在川藏鐵路智慧勘察方面，平台形成「透明地球」增強對複雜環境資訊的感知力，可將野外勘察工作轉移到室內虛擬平台上，展開地質判別、地質災害識別、野外勘測等工作，直接提升複雜環境下鐵路勘察的資訊化水準，克服野外勘測困難、工作效率低、成果品質難以保證等問題，從而提高勘察精度，保證工作品質，大幅減少現場外業工作量，提升複雜環境下鐵路勘察的資訊化水準。

在川藏鐵路智慧設計方面，平台透過建構大範圍高精度、易感知、可交互、可計算的實景三維模型，進行地面、地下地理環境充分整合表達，跨專業資訊的即時彙聚、深度融合與綜合分析，有助於提升對複雜場景的快速準確理解，克服二維抽象表達的場景不直觀、可計算性差、可交互性弱等不足，提高多要素的快速準確關聯認知效率，實現多層次、多專業的一致性理解，支援複雜環境多專業智慧化協同設計，避免重要設計方案的遺漏，提高設計的準確性。

在川藏鐵路智慧施工方面，平台透過對 BIM 與三維 GIS 模型整合管理，即時接入施工現場人員、機械、監測點的多源感測器資料，進行多來源資料融合的施工進度智慧識別，突破鐵路建造智慧預測預警關鍵技術，對現場的施工情況、安全風險等進行資訊化管控，實現工程進度、品質安全、三維技術交底等方面的動態整合和視覺化管理，提高複雜艱險環境下的施工效率，減低施工過程中的安全風險。

在川藏鐵路智慧營運方面，平台透過即時接入川藏鐵路立體化動態監測資料，進行分散式儲存、動態計算、分析與視覺化，拓展在自動駕駛、故障預測、健康管理、災害隱患識別與風險防控等方面的深度應用，建立基於使用者畫像的智慧推薦服務體系，提高鐵路應用服務水準，為川藏鐵路提供更安全可靠、方便快捷、溫馨舒適的營運服務。

(三) 實施成效

過去，川藏鐵路沿線地形地質複雜、氣候條件惡劣、生態環境脆弱、人跡罕至，是人類迄今為止建設難度最大的鐵路工程。而數位孿生鐵路實現了現實世界中的鐵路實體在電腦資料庫中的映射，可實現川藏鐵路全域範圍內「人、機、物」三元空間融合。

體系完整的數位孿生鐵路與豐富的三維地理環境的結合，以普適性的空間資料庫進行組織，使得數位鐵路工程具備廣泛的應用活力，從而為智慧鐵路的實施提供了數位載體。從設計源頭利用三維線路設計系統開展地理設計建構的三維數位鐵路產品，可接入各種監控監測系統，實現大場景下整條鐵路生命體的全生命週期視覺化管理與業務應用，更可以跨平台地將數位產品發佈到網路端、移動端、AR/VR 端，形成更廣泛的數位化、智慧化業務整合應用格局，可以面向鐵路全行業設計、建造、維運、管理的全生命週期提供業務智慧定制服務。

3.4 西安智慧交通平台

(一) 應用背景

個人用車數量的與日俱增，直接造成了城市道路的大量擁堵，交通擁堵的地方發生事故的頻率也相對較高，嚴重影響了人民的生命財產安全。顯然，城市交通嚴重擁堵的問題是與智慧城市的理念相悖的，可以說，如果城市交通嚴重擁堵的問題不改善，那麼智慧城市的理念也很難得到實現。

造成這些現象的原因除了汽車數量過多以外，部分建路不合理，高峰期缺乏對車輛的宏觀調控也造成了交通擁堵的主要原因。如何找到城市交通擁堵問題的解決方案，在現實世界中修改道路或者做實地測試非常困難。而在數位孿生技術塑造的場景中可以做成百上千種測試。讓每一輛車、每一條路，甚至很多車道線設計、轉向設計在模擬器內測試，跑出最佳解，然後再回到現實世界裡去實施。

西安交警互聯網 + 大數據平台就是將數位孿生與交通管理業務相結合形成的專案。在此專案中，集中融合了普通電子地圖、高精度道路地圖、三維模型地圖、多源交通資訊融合、天氣、122 警情、影像、微信各類基礎資料，這些資料來源管道不同、規格和形式不同，所有資料來源都透過平台的 DataHIVE 資料蜂巢具備的資料整合融合能力進行彙聚、清洗、分類，處理和分佈。

在交警管理的各個業務領域，透過平台提供的 Minemap 將所有資料以直觀形象的形式在大型顯示器中集中體現，以數位孿生的城市基礎空間資料為數位基座，在一個大螢幕上發佈和展示各個業務端的應用成果和資訊回饋，並可利用模擬結果進行動態交通流量控制方案對比，利用模擬結果和執行方案進行道路訊號控制、智慧誘導、線路規劃，檢查站控制分流，後期道路流量預測等進行擁堵管控服務和管理。

(二) 案例特點

首先，基於數位孿生的交警管理可以實現將多種交通管理的業務資料以統一平台的形式進行接入，融合與處理。平台中的多種類型的資料探針，能夠快速對接不同資料來源，實現非侵入式的資料彙聚。不修改資料的原始狀態，只感知資料變化情況。這些資料來源既包括常用的標準的業務資料，比如報警資料、出警業務資料，也包括網際網路下的非結構化資料，如微信方式回饋資料，還包括一些流式的動態資料，比如路況資料，交通事件（事故、施工、災害等）。透過平台的資料彙聚能力，整合各類業務相關資料，並對資料按照通用的模型進行校準補齊，建構完整的數位化交通形態，實現全息資料融合感知。

其次，在數位孿生的交警管理平台上進行全方位、多角度、立體化的交警管理業務資料展示功能。透過平台自帶的向量物件、熱力、航線、飛行、粒子等視覺化模型及渲染演算法，能夠實現針對豐富多元的交通要素進行高效逼真的視覺化表達，直觀地透過視覺化的方式實現業務場景的展現。

再次，透過針對融合路口、影像、檢查站、訊號燈資料，對道路及路口進行精細化管理與動態評價。透過交通路口精細化管理實現了幫助交通管理者掌握道路路口的情況、透過接入交通要素資料，動態精細化方式刻畫路口交通運行情況，為針對路口訊號評價及優化提供建議，同時能夠提供全時序的路口治理前後資料報告。

(三) 實施成效

數位孿生交警管理平台讓交警管理業務能夠做到整合化、規範化、視覺化、扁平化、協同化，極大地推動了交警業務領域的科技化，智慧化能力。多來源資料融合處理及統一發佈實現了在交警領域的資料「跨界」融合所形成的價值，拓展了交警管理的精細化程度。

此次專案的實施中實現了基礎地理資訊資料、動態交通資料、業務資料和基礎設施資料大範圍融合。專案建設截止 2020 年 3 月份，共接入資料總量 550 億條，日增量 5800 萬，結構化資料儲存空間 5TB。並且，透過資料感知及視覺化指揮調度，西安智慧交通平台實現智慧影像分析日均發現 100 例、擁堵指數異常報警日均 200 例，警情發現能力提升 30%。

此外，合理的模擬仿真推演為改善和優化道路交通通行能力，提升交通管理品質提供了非常大的幫助。透過路口模擬仿真優化，提高了城市交通規劃、建設與管理水準，提高了城市道路交通預測能力，使車輛駕駛員和出行者瞭解當前道路交通情況，避開擁堵路段，緩解道路交通擁擠狀況，解決了城市重點路段擁堵難題；為政府、行業、企業和公眾提供所需的綜合交通資訊、引導出行者合理的交通行為、優化交通運輸結構提供技術支援，實現了交通運輸流程再造創新，提升了群眾滿意度，降低投訴率。比如，西安市明光路 - 緯三十街路口長期擁堵，透過路口交通秩序優化改造，實現了通行能力明顯提升的成果。

Note

Chapter 04

數位孿生＋智慧城市

4.1 數位城市的升級之路

城市作為人類聚居的主要載體之一，是人類經濟、政治和精神活動的中心，城市的發展在後疫情時代尤為重要，城市的高度集聚功能能夠吸引區域的人口和其他經濟要素，而城市的高度擴散功能能夠對區域產生強烈的經濟輻射作用。

然而，及至今天，城市發展還存在諸多的問題，現實狀態證實了傳統的發展模式越來越不可取，以資訊化為引擎的數位城市、智慧城市成為城市發展的新理念和新模式。基於此，作為國計民生的重要載體，城市必將是數位孿生技術最重要的服務領域之一。目前，數位孿生已經從製造領域逐步延伸拓展至城市空間，深刻影響著城市規劃、建設與發展。

建設數位孿生之城

數位孿生城市是與物理城市一一映射、協同交互、智慧互動的虛擬城市。

數位孿生城市的建構融合運用多種複雜綜合的技術體系，建立能感知物理城市運行狀態、並即時的數位城市模型。利用城市及資料閉環賦能體系，在精準感知城市運行狀態和即時分析的基礎上，模擬科學決策，智慧精準執行，利用數位城市反向操控物理城市。實現城市的模擬、監控、診斷和管理，降低城市複雜性和不確定性，提升優化城市規劃、設計、建設、管理、服務等過程。數位孿生城市強調全域感知和即時互動，這也是其與傳統城市 3D 模型不同之處。在精準感知、分析現實城市一段時間內的運行狀態的基礎上，依靠大數據演算法、人工智慧等技術手段制定符合城市情況的管理和決策分析。

具體來看，建立數位孿生城市，需要先對城市進行三維資訊模型建構、然後得以進入數位世界與物理世界的互動階段並真正實現「智慧」。

城市三維資訊模型（CIM）包含了建築資訊、地理資訊、新型街景、實景三維等方面的要素。城市建築資訊模型（BIM），是 CIM 的重要組成部分和基礎，包括建築控制、消防管道、結構單元、結構分析、供熱通風、電氣、結構、施工管理等眾多領域，用於建築物運行維護以及相關市政工程規劃。

事實上，基於數位孿生技術建立的城市資訊模型（CIM）正是成為智慧城市的重要基礎，其核心圍繞全域資料端到端管理營運，包括資料獲取、接入、治理、融合、輕量化、視覺化、應用。這一核心是面向資訊資源分享、整合、有效利用和跨部門業務協同的根源性解決手段。

在對城市進行數位化後，就進入到數位世界與物理世界的互動階段。包括透過物聯網技術，依據城市市政、交通、社區、安防等領域需求，安裝佈置充足的感測器和監視器等資料獲取設備，進行動態、準確的資料獲取。

於是，依據城市數位孿生體做出的決策指令，就能夠反作用於城市物理空間。比如，交通擁堵的疏解指令能夠及時傳遞到城市交通指揮系統、污染減排控制措施能夠及時傳遞到交通限行、廠礦限產、醫療預備等現實領域。終於，根據物理模型和模擬，數位孿生城市得以預測未來，並且隨著實體資料的搜集，依據同步速率進行收斂。

其中，實體城市在虛擬空間的映射是數位孿生城市的本質所在，也是支撐新型智慧城市建設的複雜綜合技術體系，更是物理維度上的實體城市和資訊維度上的虛擬城市的同生共存、虛實交融的城市未來發展形態。

數位孿生城市具有精準映射的特性，即能夠透過空中、地面、地下、河道等各層面的感測器佈設，實現對城市道路、橋樑、井蓋、燈杆、建築等基礎設施的全面數位化建模，以及對城市運行狀態的充分感知、動態監測，形成虛擬城市在資訊維度上對實體城市的精準資訊表達和映射。

此外，城市基礎設施、各類部件建設都留有痕跡，城市居民、來訪人員上網聯繫即有資訊。在未來的數位孿生城市中，在城市實體空間可觀察各類痕跡，在城市虛擬空間可搜尋各類資訊，城市規劃、建設及民眾的各類活動，不僅在實體空間，而且在虛擬空間也得到了極大擴充，虛實融合、虛實協同將定義城市未來發展的新模式。

最終，數位孿生城市的建設將從多角度賦能城市綜合管理。數位孿生融合了多種新型資訊技術，以平台化的思想打破技術孤島，賦予城市全域感知、資訊交互、精準管控等功能，整體提升城市綜合運行水準。

在數位孿生城市實現以前

數位孿生城市是在城市累積資料從量變到質變，在感知建模、人工智慧等資訊技術取得重大突破的背景下，建設新型智慧城市的一條新興技術路徑，是城市智慧化、營運可持續化的先進模式。然而，面對當前城市管理中的眾多挑戰，若想要突破傳統城市的禁錮，逐步轉變升級為「數位孿生城市」，依舊面臨諸多問題。

首先，數位孿生城市的核心就是模型和資料，建立完善的數位模型是第一步，而加入更多的資料更是關鍵所在，從孤立的資料集到來自各個管道的資料整合，從單一領域的解決方案到各個領域的統一解決方案，資料將直接影響數位孿生城市發展的廣度和深度。而對於當前傳統城市建設的應用，其各領域仍有資料割裂的問題。與此同時，要想充分發揮數位孿生技術的潛能，資料儲存、資料的準確性、資料一致性和資料傳輸的穩定性也需取得更大的進步，同時，將數位孿生應用於工業網際網路平台時，還面臨資料分享的挑戰。

在數位孿生工具和平台建設方面，當前的工具和平台大多側重某些特定的方面，缺乏系統性考量。從相容性的角度來看，不同平台的資料語義、語法不統一，跨平台的模型難以交互。從開放性的角度來看，相關平台大多形成了針對自身產品的封閉軟體生態，系統的開放性不足；從模型層面來看，不同的數位孿生應用場景，由不同的機制和決策模型構成，在多維模型的配合與整合上缺乏對整合工具和平台的關注。

其次，從資料中挖掘知識，以知識驅動生產管控的自動化、智慧化，是數位孿生技術應用研究的核心思想。資料採擷技術可應用於故障診斷、流程改善和資源配置優化等。將挖掘得到的模型、經驗等知識封裝並整合管理也是數位孿生技術的關鍵內容。這對數位孿生城市的互動具有重要作用，比如，市政數位孿生體基於資料採擷技術能夠根據當前地下給排水管網設施資料、城市歷史淹水資料和歷史氣象資料推演出未來可能發生的城市淹水強度及地下管網規劃優化方案。

但現階段，數位孿生系統層級仍存在數位化、標準化、平台化缺失的困境，標準化的知識圖譜體系尚需探索。知識內化的數位化不足，使基礎資料獲取困難導致後期的資料提煉、分析到產生知識的結果欠佳。

最後，數位孿生以模擬技術為基礎，實現了虛擬空間與物理空間的深度交互與融合，其連接關係則建立在網路資料傳輸的基礎之上。數位孿生的應用意謂著封閉系統向開放系統轉變，而在其與網際網路加速融合的過程中勢必面臨系列網路安全挑戰。比如，在資料傳輸過程中會存在資料丟失和網路攻擊等問題；在資料儲存中，由於數位孿生系統在應用過程中會產生和儲存海量的生產管理資料、生產操作資料和工廠外部資料等，這些資料可以是雲端、生產終端和伺服器等儲存方式，任何一個儲存形式的安全問題都可能引發資料洩密風險。

此外，在數位孿生城市系統中，常常需要實現自組織和自決策。但是，由於虛擬控制系統本身可能會存在各種未知安全性漏洞，易受外部攻擊，導致系統紊亂，使物理製造空間下達錯誤的指令。

數位孿生城市也是城市資訊化建設不斷發展的產物，是城市資訊化發展的高階階段。形成的與物理城市相對應的數位孿生城市，充分利用前期形成的城市全域大數據，為城市綜合決策、智慧管理、全域優化等提供平台、工具與手段。

儘管目前數位孿生城市的發展還處於初步階段，但可以預期，在數位孿生穿越了所有技術障礙突破客觀環境的桎梏後，數位城市和現實城市終將實現「虛實結合」的同步建設，實現「虛實互動」的數位孿生城市。

4.2 虛擬新加坡

(一) 應用背景

2014 年，新加坡政府宣佈，將耗資 7300 萬新幣，用於研發新加坡 3D 城市模型綜合地圖「虛擬新加坡」，推動新加坡發展智慧國的願景。具體來看，「虛擬新加坡」是一個動態的三維城市模型和協作資料平台，包括新加坡的 3D 地圖，成為供政府、企業、私人、研究部門使用的權威 3D 數位平台。「虛擬新加坡」也是一個包含語義及屬性的實景整合的 3D 虛擬空間，透過先進的資訊建模技術為該模型注入靜態和動態的城市資訊資料。

「虛擬新加坡」覆蓋範圍 718 平方公里、500-660 萬人口、16 萬幢建築物、5500 公里街道。於 2014 年至 2016 年 1 月完成城市空間初步資料獲取，包括地理資訊和城市設施，比如公車站、路燈、交通訊號燈、高架橋等等。

「虛擬新加坡」得到了新加坡國家研究基金會（NRF）、新加坡總理府、新加坡土地管理局（SLA）和新加坡政府技術局（GoyTech）的支援。NRF 領導專案開發，而 SLA 將透過其 3D 地形圖資料提供支援，並在虛擬新加坡建成後成為營運商和所有者。GovTech 根據專案要求提供資訊和通訊技術及其管理方面的專業知識。其他公共機構在各個階段參與虛擬新加坡建設。

(二) 實施特點

顧名思義,「虛擬新加坡」最大的特點,就是「虛擬」,當然,「虛擬新加坡」雖然虛擬,但卻具有可實現的具體應用。「虛擬新加坡」使來自不同領域的用戶能夠開發複雜的工具和應用程式,用於概念測試、服務、規劃決策以及技術研究,以解決新加坡面臨的新興和複雜挑戰。

在合作與決策方面,利用不同公共部門收集的圖形和資料,包括地理、空間和拓撲結構以及人口統計、流動和氣候等傳統和即時的資料,「虛擬新加坡」的用戶能打造豐富的視覺化模型並大規模模擬新加坡市內真實場景。使用者能以數位化的方式探索城市化對國家的影響,並開發相關解決方案如優化環境、災難管理、基礎設施、國土安全及社區服務等有關的後勤、治理和營運。

「虛擬新加坡」整合了各種資料來源,包括來自政府機構的資料、3D 模型、來自 Internet 的資訊以及來自物聯網設備的即時動態資料。該平台允許不同的機構共用和查看同一區域內各個專案的計畫和設計。比如,「虛擬新加坡」可以根據當前和未來市政工程的規劃提供一個視覺化景觀,這有助於相關機構能夠相互協作,以協調各自的工程並優化整體設計和實施;可以在新設施周圍建立通路,以在改擴建工程期間重新定向人流和交通流,最大程度地減少給公民帶來的不便;在虛擬天橋中,規劃人員可以預覽人行天橋的各種設計方案,以及如何將其與已經進行了改造的社區公園無縫整合。

在交流與視覺化方面,「虛擬新加坡」提供了一個方便的平台,以視覺化方式與市民進行交流,並允許他們及時向相關機構提供回饋。比如,雨花莊園是美國住房和發展委員會綠色計畫的試驗基地,該計畫具有可持續和環保功能，包括太陽能電池板、LED 燈、氣動廢物輸送系統、增強的行人網路和擴展的自行車網路等。隨著其對應的虛擬莊園的完成，美國住房和發展委員會可以用來展示綠色計畫的可行性和好處。

在改善公眾可訪問性方面，「虛擬新加坡」包括地形屬性，例如水體、植被和交通基礎設施。這與傳統的 2D 地圖不同，後者無法顯示地形、路緣石、樓梯或坡度。作為對自然景觀的準確表示，「虛擬新加坡」可用於識別和顯示殘疾人和老年人的無障礙路線。他們可以輕鬆找到通往公車站或地鐵站的最便捷路線，甚至是被遮蔽的道路。公眾也可以透過 " 虛擬新加坡 " 的視覺化公園來計畫其騎行路線。

在城市規劃方面，「虛擬新加坡」可以提供有關全天環境溫度和日照如何變化的資訊。城市規劃人員可以直觀地看到建造新建築物或裝置（例如雨花莊園內的綠色屋頂）對溫度和光強度的影響。城市規劃人員和工程師還可以在「虛擬新加坡」上疊加熱圖和雜訊圖，以進行模擬和建模。這些措施可以幫助規劃人員為居民創造更舒適、更涼爽的居住環境。

此外，在虛擬實驗與測試方面，「虛擬新加坡」可用於虛擬測試或實驗，例如可用於檢查 5G 網路的覆蓋範圍，提供覆蓋率差的區域的視覺化地圖，並突出顯示可在 3D 城市模型中改進的區域。「虛擬新加坡」還可用作測試平台，以驗證服務的提供。

(三) 實施成效

透過適當的安全和隱私保護，「虛擬新加坡」使政府、公共機構、學術界、研究界、私營部門以及社區能夠利用資訊和系統功能進行政策和業務分析、決策制定、測試想法、社區協作和其他需要資訊的活動。

對於政府來說，「虛擬新加坡」是一個關鍵的推動者，將加強各種 WOG 計畫（智慧國家、市政服務、全國感測器網路、GeoSpace 和 OneMap 等）；對於公民和居民來說，「虛擬新加坡」中的地理視覺化、分析工具和 3D 嵌入式資訊將為人們提供一個虛擬而現實的平台，以連接和創建豐富社區的服務；對於企業來說，可以利用「虛擬新加坡」內的大量資料和資訊進行業務分析、資源規劃和管理以及專業服務；對於研究機構來說，「虛擬新加坡」的開發創造了新的技術，也是可用於在多方協作、複雜分析和測試應用場景下的重要技術。

4.3 智慧濱海的城市大腦

(一) 應用背景

在後疫情時代，加快建設智慧城市，提升城市數位治理以及產城融合的能力已經「迫在眉睫」，作為國家綜合配套改革示範區，天津濱海新區歷來高度重視數位化工作，尤其是 2018 年以來，濱海新區先後發布了《智慧濱海建設工作方案》、《濱海新區加快推進「互聯網 + 政務服務」工作方案》等重要規劃性文件，為濱海未來的數位化建設明確了奮鬥的方向和目標。

基於此定位，天津市及濱海新區政府以「全智慧化」為核心，以「活用資料網、巧用應用網、善用服務網」為手段，為此建構出了「1+4+N」智慧濱海體系。

其中，「1」就是指智慧濱海的城市大腦，智慧濱海城市大腦，以數位孿生理念為指導，透過建構數位孿生平台作為重要基礎平台和組成部分，以城市營運管理中心為載體，將分散在城市各個角落的資料彙集起來，打通資訊孤島，打破部門壁壘，實現資料共用互通，同時它集城市綜合管理、便民服務回應、應急協同指揮和資料研發等功能於一體，透過對大量資料的分析和整合，實現對城市的精準分析、整體研判、協同指揮，支撐智慧城市可持續發展，實現新一代城市數位化治理。

一方面，智慧濱海的城市大腦實現了濱海全域全量資料資源的管理和視覺化展示，另一方面，充分利用高性能的協同計算能力、模型模擬引擎，智慧濱海的城市大腦實現了濱海城市治理、民生服務、產業發展等各系統協同運轉，從而形成智慧濱海城市數位大腦自我優化的智慧運行模式。

(二) 案例特點

首先，智慧濱海的城市大腦以數位孿生體系作為基礎底座，實現城市物理世界、網路虛擬空間的相互映射、協同交互，進而建構形成基於資料驅動、軟體定義、平台支撐、虛實互動的數位孿生城市體系，實現城市從規劃、建設到管理的全過程、全要素數位化和虛擬化、城市全狀態即時化和視覺化、城市管理決策協同化和智慧化。

其次，智慧濱海的城市大腦以城市資訊模型（CIM）作為建設核心，數位孿生模式下的所有資訊悉數載入在城市資訊模型上，依靠人工智慧技術進行結構化處理、量化索引一座城市，依靠深度學習技術實現自動檢測、分割、追蹤向量、掛接屬性入庫，形成全景視圖和各領域視圖，全域、直觀、量化可分析、可推演、可預期未來，從而給城市管理帶來質的飛躍。

最後，智慧濱海的城市大腦還以數位孿生 PaaS 平台作為開發平台，數位孿生平台基於海量「資料」和高性能「算力」，全面建構融合大數據、人工智慧、區塊鏈等先進技術引領的深度學習機器智慧平台，應用機器學習和深度學習等機器智慧演算法，更好的實現有效採樣、模式識別、行動指南和規劃決策，將人類智慧和機器智慧相結合，把專業經驗和資料科學有機融合，利用機器學習驅動的交互可視分析方法迭代演進，不斷優化，提升智慧演算法執行的效率和性能，保證資料決策的有效性和高效性，以適應不斷變化的城市各種服務場景。

(三) 實施成效

智慧濱海建設於 2018 年底啟動，2019 年 6 月份投入運行。截至目前，營運管理中心整合接入了 28 個已建系統，新開發了 10 個應用系統並投入使用。例如危險化學品全域監管系統，利用城市資訊模型實現全區 916 家相關企業的資訊展示、儲油罐即時監測和預警、倉儲即時同步和分析、運輸即時監控和應急快速回應等功能，為危險化學品安全提供保障。

其中，濱海新區智慧城市的特色之一就是便民服務回應系統，便民服務回應系統整合了 8890 熱線、網格化、「隨手拍」、書記區長信箱和「政民零距離」等多條路徑，旨在打造 15 分鐘便民服務圈。即按照馬上辦、就近辦原則，在接件後第一時間響應核實並分派處置。目前，濱海新區全區 2270 平方公里的區域，共劃分成 743 個網格，並配備網格管理員，實現橫到邊，縱到底，「一格一員、一員多能」，無交叉、無盲點。每個網格管理員經過專業培訓，要負責 13 大類、124 項子類職能，透過手機將發現的問題秒拍、秒傳到便民服務中心，中心再立項、分派和監督，實施全流程閉環管理。

同時，對於其他管道反映的問題，由附近的網格管理員進行核查，確認後根據資源配置，精準分撥處置，並透過全網痕跡化考核管理，打造出「人在格中走，事在網上辦」的城市精細化管理模式。

此外，在天津濱海新區「智慧城市」裡，網路智慧化管理，大數據提速提效，可以大幅減少商事登記、專案審批時間。濱海新區深化一制三化、五減四辦和濱海通辦政務服務改革以來，新區的商事登記業務就實現了全程電子化，辦結時間僅用 4 小時。此前，這個時間的全國標準是 5 天，天津標準為 1 天，濱海新區承諾為 1 天，而在實際操作中，短短 4 個小時即可實現，做到了「不見面審批」和「無人審批」。

可以説，濱海新區基於數位孿生底座打造的 1+4+N 新型智慧城市建設體系，完成了一個智慧濱海城市大腦、4 個應用板塊、N 項智慧應用的智慧濱海建設，真正實現了以營運管理中心為核心樞紐，以城市資訊模型為資料載體，打通資訊孤島和業務壁壘，實現從規劃、建設到管理的全過程、全要素數位化和虛擬化、城市全狀態即時化和視覺化、城市管理決策協同化和智慧化。

4.4 南京江北數位孿生新區

(一) 應用背景

南京江北新區於 2015 年 6 月 27 日由國務院批復建立，是全國第 13 個，江蘇省唯一的國家級新區。2019 年 6 月，江北新區在「2019 南京創新周 - 創新江北專場」上發佈了由華為技術有限公司編制的《南京江北新區智慧城市 2025 規劃》。該規劃根據江北新區建設中國一流智慧新區目標，全力建設「數位化、智慧化、網格化、融合化」的智慧新區目標，將建立「數位孿生城市」作為新區建設重點。

江北新區規劃到 2025 年，建成「全國數位孿生城市第一城」，建立高精度數位孿生城市資訊模型，將直管區 386 平方公里區域的人、物、事件等全要素數位化，並完整映射在模型中，達成以物聯、數位匯流、智慧創新為特徵的智慧感知、智敏回應、智慧應用、智聯保障的數位孿生城市。利用數位孿生城市資訊模型實現資料互連共用、運行全生命週期監測、智慧化管理的新型城市規建管一體化。

(二) 案例特點

依靠自身資訊化基礎，搭建數位孿生城市模型是新區數位孿生城市建設的特點。江北新區的數位孿生城市模型依託於新區的資訊化、數位化基礎，打造以大數據管理平台及基礎大樓資料庫、綜合感知平台、數位變生資訊平台、影像監控聯網平台協同構成的江北新區數位孿生城市模型。透過對資料資源採集、管理、治理、共用、分析和應用，實現對新區城市治理的改善和優化。

首先，數位孿生城市模型依託新區大數據管理中心，透過推動完善綜合感知平台、影像聯網平台建設，完善新區公共資料獲取體系，加快推進新區城市級大數據中心建設，打造以大數據管理平台及基礎資料庫、綜合感知平台、影像監控聯網平台為支撐，搭建新區數位孿生城市資訊模型，形成資料資源採集、管理、治理、共用、分析、應用為一體的管理與服務，實現對新區城市規律的識別，為改善和優化新區城市系統提供有效的指引。

其次，數位孿生城市模型完善物聯網管理，形成對全區各類物聯網資料及設備的統籌管理能力；率先推進新區現有環境監測、工地揚塵監測、消防煙感等物聯網感知設備接入平台，促進形成良好的城市感知和綜合管理經驗與模式；逐步推進新區自建物聯網感知終端以及通訊營運商、區內企業等部分社會類物聯網終端設備、資料接入平台，為物聯網資料資源的可共用、集約化、全面視覺化管理奠定堅實基礎。敦促新區建設規劃、建築樓房、綜合管廊等領域功能 BIM、3D 模型、現有 CAD 圖紙等與新區 GIS 平台對接、彙聚和融合，整合規劃、建設等領域現有地理資訊系統及資源，搭建新區數位孿生城市資訊模型，增強平台服務能級，為新區各部門提供精準的地埋空間資訊服務。

其三，數位孿生城市模型完善建設綜合感知平台。多管道採集並整合新區城市部件、事件、要件的運行狀況，感知新區主要區域人流量、道路交通及水、電、燃氣等涉及民生的公共服務來源資料，實現對城市人、物、事件的全面感知；完善城市輿情感知，提升輿情回應速度，提升社會綜合治理水準，實現對安全隱患的精準預防、違法犯罪的精準感知、即時警情的精準處置。

其四，數位孿生城市模型對大數據管理平台進行了優化。進一步整合新區現有資料交換、共用服務、綜合治理、運行監測等資料共用及管理系統，拓展公共資料、企業資料接入，深化新區大數據管理平台建設。持續推進資訊資原始目錄體系建設，建立滾動的資訊資原始目錄更新機制；對接南京市共用交換平台，持續優化升級現有共用交換系統，打造新區內外資料共用交換的核心子平台。加快建立各部門、各類別的資料資源分享交換標準，推動新區各部門、派出機構、公共事業單位現有相關資料資源基於共用交換子平台實現資料資源在新區層面的全域共用，建立社會公共資料獲取共用機制，不斷擴大社會資料獲取範圍。

最後，數位孿生城市模型還建設了影像資源管理平台。結合新區雪亮工程建設基礎，彙聚融合新區所有公共影像資源，實現各類新區各部門、派出機構及社會領域影像監控資源的統一管理、靈活調用及協定共用。同時，加快建立新區統籌管理的影像資源分享管理機制，保障落實影像資源全面共用。搭建影像監控智慧分析平台，推進智慧識別、深度學習等人工智慧技術在城市管理、民生服務中的深度融合應用。

(三) 實施成效

新區數位孿生城市的建設標誌著中央商務區各項工作對高科技的重視，在未來的工作中，要將技術手段、工作方法、成果體現和資訊整合技術相結合。

新區數位孿生城市的發展還存在三個重要命題：一是如何讓系統在現有功能的基礎上發揮更大的作用，在廣度和深度上更好的貼合中央商務區的區域建設和發展；二是如何讓技術和管理、技術和組織、技術和各項事項的處理流程更有機更科學的結合，實現技術和團隊一體化，思路和戰略一體化，措施和效果一體化三是如何讓更多的社會大眾、參建單位、企業更好的理解和接受新區數位孿生城市系統，主動地參與進來。

新型智慧城市已成為新時代創新城市發展和治理模式的重要舉措，未來指揮中心將繼續資料資源的開發與利用，深化智慧城市規範化與標準化建設，以及展開與科研院所全方位技術合作，推進中央商務區城市功能與城市品質不斷提升。

Chapter 05

數位孿生＋智慧建築

5.1 建築業走向「數位」化

數位技術的迅猛發展，極大改變著人們的生活方式，推動需求升級帶來結構性趨勢，也深刻影響著產業端發展。正如美國 Gartner 的技術成熟度曲線預測，人工智慧、數位孿生、區塊鏈等數位技術逐漸成熟，它們將重塑產業生產模式和商業模式，激發效率革命。可以說，全球正加速邁向以數位化轉型、網路化重構、智慧化升級為特徵的數位化新時代。

在新的時代背景下，數位化轉型已成為建築產業轉型升級的必然選擇，將建築產業提升至現代工業級的精實化水準是轉型升級的方向。實現「讓每一個工程專案成功」是建築產業轉型升級的目標。數位孿生技術作為透過整合多學科、多尺度、多物理量來實現數位化空間的仿真模擬，從而反映物理物件的全生命週期過程的技術，成為數位技術與建築產業有效融合的關鍵技術，是未來引領建築產業轉型升級的核心引擎。

建築產業轉型在即

近年來，中國建築業發展迅猛，建築業增加值占中國 GDP 的比例逐年上升，已成為中國國民經濟的重要支柱產業。

建築產能大，產值高是城市文明進步的主流面，但與此同時，建築業一直保持著粗放式的發展，產能大、能耗高，對中國的人文環境、生態環境產生了一些負面影響。在產品品質、效率、成本等生產力水準方面，與其他行業相比也存在著較大的差距，建築產業生產力水準低下導致的產業總成本高和總效率低的問題，已經成為長期制約產業發展的重要瓶頸，而由此導致的品質低、品質差、成本高、能耗多等方面的問題也十分突出。

目前，建築業直接、間接消耗的能源占中國全社會總能耗的 46.7%，其中，既有建築中 95% 為高能耗建築，對環境的影響較大。馬里蘭大學的研究表明平均每個工程專案浪費 43%；建築業安全事故多，據統計，美國的建築業安全事故傷亡人數居各行業之首，而中國建築業也高居第二位，僅優於礦山業。工人老齡化嚴重，美國建築工人平均年齡為 43 歲，中國為 45 歲，人口紅利逐步消失。企業利潤率較低，全球建築業企業利潤率平均為 4.4%，中國僅為 1%-3%；生產力水準較低，據麥肯錫的調查研究顯示，建築業近 80% 專案超投資，近 20% 專案超進度。

數學家柯布和經濟學家道格拉斯提出，勞動力的投入不變、資本的投入不變，產出的增長取決於我們所應用的科技的進步。從目前形勢看，無論是快速提升建築品質、還是工程專案提質增效，都離不開以數位化為手段的支撐。根據麥肯錫全球研究院統計，數位化可使全球建築業的生產力提升 14%-15%，成本節約 4%-6%。因此，深化數位化變革，以全新面貌驅動產業發展，將成為建築產業煥發生機的最佳途徑。

基於此，住建部等十三部委聯合印發的《關於推動智慧建造與建築工業化協同發展的指導意見》（下稱《意見》）明確指出，各建築企業要以大力發展建築工業化為載體，以數位化、智慧化升級為動力，不斷創新，突破核心技術，加大智慧建造在建築業各環節的應用。《意見》同時指出，到 2035 年智慧建造及工業化發展的目標及發展任務，提出了如何發展建築工業化、如何加強技術創新及提升資訊化水準等發展意見。各建築企業不斷開展智慧建造、智慧工地應用探索，將工業化、智慧化、資訊化向前推進。提高勞動生產率，實現高產能，低能耗。減排放的建築智慧化，將成為未來建築業企業的核心競爭力及先選優勢，有效促進企業及行業發展，助力中國進入智慧建造強國的行列。

在建築產業走向轉型升級之路的過程中，數位孿生與建築產業的發展不謀而合，數位孿生技術是助力建築產業轉型的重要技術，建築產業的數位化轉型同樣是推行數位孿生技術的重要方式。智慧建造建立在高度資訊化、工業化、智慧化的基礎上，實現建設單位，設計單位，施工單位，諮詢單位及政府主管部門資訊互通互連、共同協作，同時能夠實現遠端互連，虛擬與模型即時動態更新，環境監測、進度監測、品質控制、安全控制、人員實名制管理能動態顯示，便於管理部門瞭解資訊，減少資訊傳遞路徑。將數位孿生技術與智慧建造相結合，不僅能為專案精細化管理體系的建構和數位化轉型提供更多智慧化管理支撐，更能為「中國建造」走向「中國智造」賦予高品質轉型升級的新動能。

數位孿生為建築賦能

數位技術在解構一個舊世界的同時，也在建立一個新世界，即一個數位孿生世界。數位孿生世界的意義在於：透過物理世界與數位世界的相互映射、即時互動、高效協同，在位元的世界中建構物質世界的運行框架和體系，透過高效率協同、低成本試誤、智慧化決策，實現最佳化生產資料的配置，建構人類社會大規模協作新體系。

數位孿生運用於建築，即是指綜合運用 BIM、GIS、物聯網、人工智慧、智慧控制和系統模擬等數位孿生技術，以實體建築物為載體的建築資訊物理系統，是對建築結構內各類資料進行整合，是物理物件的真實映射。數位孿生要求資訊空間裡面的虛擬數位模型是「寫實」的，是「一種綜合多物理、多尺度模擬的載體或系統，以反映其對應實體的真實狀態」。數位孿生可以將物理空間裡的即時資料與虛擬數位模型緊密聯繫，以描繪相對應的實體建築的全生命週期過程。

(一) 建築設計階段

在建築設計階段，數位孿生主要應用 BIM 技術，不同專業可在數位孿生協同平台進行並行設計，同時進行建築、結構和機電等模型的設計，克服了傳統設計模式中設計週期較長，需要嚴格按照專業先後順序，依次完成建築設計、結構、機電等模型的搭建的缺點，大幅縮減了設計週期。同時可以透過基於 Web 的輕量化協同平台，應用展示和審核等工具，分別從設計和施工等人員的角度，對設計模型提前進行「圖紙會審」，從而在源頭上把控建築的品質。數位孿生設計基於多種 BIM 軟體的互相配合，最後生成設計模型。

(二) 建築施工階段

在施工階段，數位孿生可以協助施工場地管理，技術交底，碰撞檢查，進度管理，成本、生產、品質和安全管理。

對於施工場地管理，數位孿生技術能夠將施工場內的平面元素立體直觀化，以利於優化各階段場地的佈置。比如，綜合考慮不同階段的場地轉換，結合綠色施工中節約用地的理念，避免用地冗餘；臨水臨電、塔吊佈置及其動態模擬，實現最佳化的塔吊配置；直觀展現用地情況，最大化地減少佔用施工用地，使平面佈置緊湊合理，同時做到場容整潔，道路通暢，符合消防安全及文明施工等相關要求。

此外，數位孿生模型還可以將孔洞、臨邊和基坑等與安全生產相關的建築構件突出展示，並與施工計畫和施工過程中所需要的各類設備及資源相關聯，共同建構數位孿生建築知識庫，實現在數位孿生環境下基坑及建築危險源的自動辨識和危險行為的自動預測。輔助安全管理人員透過數位孿生環境預先識別各類危險源，從重覆性、流程性的工作中解放出來，將更多的時間用於對安全風險的評估與措施制定等方面，提前在數位孿生環境中進行安全預控，在施工全過程中保障安全生產。

對於技術交底，一方面，運用數位化三維視覺化技術可以使施工單位快速瞭解工程的整體情況、施工方式、結構、機電工程和管道佈置。特別是對於一些不易呈現的地下管線等構件，透過 BIM 能清楚地被顯示出來，減小了設計與施工之間的溝通難度，有利於工程的實施與推進。另一方面，運用數位化三維視覺化技術可以按照施工計畫進行虛擬施工，並且可以模擬各專業施工工藝的關鍵流程、既有利於熟悉施工流程、又為成本控制、進度控制和品質控制提供可靠的依據。

碰撞檢查方面，傳統的二維設計有多種工程管線，專業管線之間相互交叉，施工過程中很難實現緊密的協調與配合。運用數位孿生環境的碰撞檢測功能，可根據各專業管道之間的衝突，設置無壓管壓力管道和大型管道小型管道，以減小施工難度。考慮到管道的厚度、管坡、間距，以及安裝、運行和維護所需的空間，結合工程結構與設備管道檢測的實用綜合佈置圖繪製圖紙，以加快解決所有專業人員的施工難題。結合 BIM 的視覺化技術，模擬施工工藝和施工方法，使現場施工不再單純依靠平面圖紙、不僅提高了施工技術能力，還能避免因理解不一致等認知偏差而造成的返工現象，從而加快施工進度和提高現場工作效率。

對於進度管理來說，數位孿生可以在工程實施期間，對建築、道路、基坑和管線等所有構件進行任務分解，對構件進行工作分解結構編碼。憑藉任務與模型的關聯動作，可根據任務時間進行四維動畫模擬，以動畫的形式查看專案的施工計畫和實際進度，包括瞭解專案各時間段的形象進度及里程碑節點等。將完成的工程實體元件綁定到 BIM 的 ID 中，用不同顏色展示構件，透過顏色變化改變元件模型，繼而顯示專案的進度。應用 BIM 對專案的實際進度與計畫進度進行比較，一旦發現施工進度提前或滯後，可及時發出相應的警報以提前預警。

隨著三維鐳射掃描技術的不斷發展，BIM 技術逐漸被用於獲取現場情況等場合，包括應用 BIM 連接點雲資料組織管理現場計畫、施工計畫和物流計畫習。在同時獲得虛擬照片和場景圖像後，伺服端平台會自動比較它們的像素大小和，分析實物與模型的差異，進行建築工作量的計算。

在成本、生產、品質和安全管理方面 BIM 模型構件可透過構件 ID 編碼與工程量清單專案編碼建立關聯，包括構件與工程量清單專案名稱、單價、專案特徵等之間的對應關係，並且將相關資料寫入構件明細表對應的資料庫中，同時提取 BIM 中不同構件及模型的幾何資訊和屬性資訊，匯總統計各種構件的數量。基於 BIM 開展算量工作，不僅使算量工作得到大幅度簡化並實現自動化，減少了因人為計算失誤等而造成的錯誤，而且極大地節約了工作量和時間，方便審核人員覆核工程量成果，付款時還能直觀地進行查看。

並且，在建設過程中，現場工作人員可以透過移動端 App 記錄生產任務的實際實施情況，查看任務過程的控制要求，即時上傳資料至伺服器。其他人員可透過網頁端查看實際生產工作的追蹤結果，並與任務計畫進行比較和分析，使任務更加清晰、可控。由 BIM 平台可以快速生成生產資料，形成數位化報表，並發送至專案聯絡群和朋友圈；或經專案生產經理批准發給各參建方，同步監督專案的工作成果，協助專案管理者現場控制施工狀態。

與此同時，手機端也可以快速記錄施工現場的品質和安全問題，PC 端可隨時查看工程品質及可能出現的安全隱患，並在數位孿生場景中直觀地確定問題的位置。此外，PC 端還可以驗證現場各巡邏點的視察和執行效果，並全面覆蓋現場的安全管理。

(三) 建築維運階段

最後，在建築維運階段，數位孿生建築具有較好的綜合分析和預測能力，為預測維修建築物的智慧設施提供了有效的技術支援，是智慧建築物運行與智慧系統一體化的主要模式。從構件資訊和 BIM 模型的角度看，數位孿生建築結構將智慧結構體系從模型整合到系統，實現了微觀和宏觀的整合。

數位孿生將重新定義建築產業

在數位孿生的驅動下，建築產業將在產品形態、商業模式、管理模式、生產方式和交易方式等方面產生新的變化。生產方式的變革，推動建造過程從物理建造向數位孿生建造轉變，將進一步帶來管理模式與交易方式的變化，並使商業模式向規模化定制、服務化建造轉變，最終帶來產品形態變化，交付「數位虛體 + 物理實體」兩個建築。

從產品形態變化來看，「實體建築 + 虛體建築」，將成為最終交付給客戶的產品形態。虛體建築打造了與物理實體空間結構相對應的動態數位模型，在專案全過程保持即時映射和動態更新，大幅提高了專案的協作效率和協同效果；數位虛體建築包含了建築產品的各種資訊，例如建造過程和材料的溯源資料，建築產品的各種空間和屬性資料等。實體建築在虛體建築的孿生賦能下，將會實現精實化建造過程，並達到工業級精細化水準。

從商業模式的創新來看，基於數位孿生，建築產業的價值創造將不僅集中在建築產品的建造和交付階段，而且會向建築產品營運階段延伸，透過提供物業服務、健康服務和維運服務等，創造出更大的價值空間，實現建造服務化轉型，其主要包括：建築過程服務化，針對建設專案全過程的服務，涵蓋全數位化虛擬建造服務、實體精實建造服務、工程金融服務等；產品使用服務化針對產品的使用過程，為用戶在使用階段、體驗方面提供服務，是面向使用者的服務，涵蓋產品製造服務化、機械設備服務化、產品維運服務化等內容。

從管理模式的變革來看，透過數位孿生的智慧化協同作用，傳統專案管理模式設計、施工、維運階段相對割裂、缺乏協同的不利局面會得到徹底改變，參建各方不再是利益博弈的關係，而是透過數位 IPD（專案整合化交付）等新型管理模式，形成利益共同體，在專案生命週期內密切合作，共同完成專案目標並使專案收益最大化。

過去，在傳統的工程建設中，專案各階段相對割裂、缺乏協同，設計階段未充分考慮到施工的可實施性與維運階段的實用性，造成大量返工、延期和成本超控。而未來，在數位孿生的賦能下，每個房子都將首先進行全數位化虛擬建造；再進行工業化實體建造。在虛擬建造過程中，參建各方將透過數位建築平台進行智慧設計、虛擬生產、虛擬施工和虛擬維運的全過程數位化打樣，交付設計方案最佳、實施方案可行、商務方案合理的全數位樣品。再透過基於數位孿生的精細化到工序級的精實建造，在物理世界中建造出工業級品質的實體建築，做到專案浪費最小化、價值最大化，將建造提升到現代工業級精細化水準。

5.2 十天一座「雷神山」

(一) 應用背景

在民用建築中，醫院是最複雜的建築類型之一。功能分區複雜、醫療工藝設計複雜、使用空間要求多變、能耗非常大、醫療設備管理維護複雜等。一座大型醫院的各種設備管線就多達 40 餘種，鑒於這些特點，一座醫院的建設成本在其全生命週期中只占小部分，而使用階段的能源消耗、設備維護、系統管理將占大部分。

因此，像醫院這樣的公共事業專案，應在建設階段就考慮其在全生命週期內使用的消耗和產出，利用 BIM 技術建立醫院的數位孿生模型，並基於此模型進一步搭建維運平台。這雖然導致前期有一定投入，但後期其價值產出卻能極大節約成本，提升醫院營運效率。

在新冠肺炎疫情期間，聞名世界的雷神山醫院便是利用了數位孿生技術進行建造。雷神山醫院位於武漢市江夏區，是一個專為收治新冠病毒肺炎重症、危重症患者建造的抗疫應急醫院，建設用地面積約 22 萬 m^2，總建築面積約 7.9 萬 m^2，可提供床位 1500 個，容納醫護人員 2300 名。專案根據用地情況分為東區隔離醫療區和西區醫護生活區，並配備有相關維運用房，均為一層臨時建築。

為了建造武漢第二座「小湯山醫院」——雷神山醫院，中南建築設計院（CSADI）臨危受命，其中，中南建築設計院的 BIM 團隊為雷神山醫院創造了一個數位化的「孿生兄弟」。採用建築資訊建模（BIM）技術建立雷神山醫院的數位孿生模型，根據專案需求，利用 BIM 技術指導和驗證設計，為雷神山醫院的設計建造提供了強有力的支撐。

(二) 案例特點

雷神山醫院的設計建造的重點主要有三個：一是要能快速建成投入使用；二是要防止對環境造成污染；三是要避免醫護人員感染。醫院採用模組化設計，呈現獨特的「魚骨狀」佈局，每根「魚刺」都是獨立的醫療單元，是一個隔離病區。根據專案的特點，送排風系統的主要管線均為室外敷設，那麼一般傳統的 BIM 應用點，例如管線綜合、淨高分析等，在建造雷神山醫院中已經不再是關注焦點，於是，雷神山醫院的 BIM 技術的應用就圍繞上述三個專案重點展開。

首先，基於 BIM 的數位化建造雷神山醫院要求 10 天建成使用，建設工期是整個專案的主要矛盾，而建築骨架是施工的第一道工序，所以結構專業的設計和施工速度直接影響了整個專案的建設速度。

為了解決以上矛盾，雷神山醫院的隔離病房區全部採用輕型模組化鋼結構組合房屋體系，醫療技術區由於對開間和淨高的要求，採用鋼框架結構體系。一個病區由四個功能模組組成，利用基於 BIM 的數位化建造技術，將建築和結構構件、機電設備在數位模型中進行整合和歸類，直接指導工廠製作，同時對現場施工工序進行數位化模擬，尋找最佳拼裝方案，並對模組根據功能和拼裝順序進行數位編號，現場像堆積木一樣進行施工建設，極大縮短了專案建設工期。

其次，室外風環境模擬分析雷神山醫院的建設選址非常嚴格，專案周圍沒有居民區，所有的污水、雨水透過有組織的收集處理、消毒後，排入市政管道，是絕對安全的。病區的排風也經過高效過濾後進行排放，但仍希望醫院排放的氣體能迅速在空氣中擴散稀釋。於是，雷神山醫院利用 BIM 模型進行風環境的分析。從分析結果來看，建築物周圍未形成死角或者漩渦區，場地通風情況良好，有利於場地內氣體排放的迅速稀釋和擴散。

其三，隔離病房是造成醫護人員感染的重災區，對隔離病房氣流組織的分析，旨在輔助設計，對醫護人員的安全問題提出建議。透過分析，建造團隊在送排放風佈局下，病房內形成了「U 型」通風環境，氣流從送風管流出，碰到對側牆壁後改變方向，最後流經兩位病人後到達下部回流區，經排風口過濾後排出，這種通風環境能有效改善病房內的污染空氣濃度，降低醫護人員感染的風險。

(三) 實施成效

BIM 技術的應用是雷神山醫院設計、建造的重要支撐，對雷神山醫院的快速建成投入使用發揮了一定的促進作用，但對於 BIM 技術的延伸與拓展方面，仍存在一定的侷限性，在未來醫療建築的建設、使用中，應透過數位孿生醫院拓展應用，在建築全生命週期中強調數位資訊管理，使其發揮更大的效能，為即將到來的智慧化時代做好準備，也同時為隨機而來的應急事件做好準備。

5.3 巴黎聖母院的「重生」

(一) 應用背景

巴黎聖母院位於法國巴黎市中心、塞納河畔，是法國首都巴黎的地標性建築之一，也是聯合國教科文組織確認的世界文化遺產。巴黎聖母院大教堂約建造於 1163 年到 1250 年間，於 1345 年最終建成。

教堂為哥特式建築形式，是法國哥特式教堂群裡面，非常具有代表意義和歷史價值的一座建築。教堂採用石材建造，外形高聳挺拔，其內部的雕刻和繪畫藝術，以及教堂內所收藏的 13-17 世紀的大量藝術珍品也聞名於世。時至現代，巴黎聖母院已不僅是一處宗教場所，更是法國千年文明的象徵，是全人類共同文化遺產的一部分。

然而，2019 年 4 月 15 日，巴黎聖母院發生大火，塔樓倒塌、建築受損。巴黎聖母院發生大火是不幸的，但幸運的是，達梭系統公司的「數位巴黎」專案，透過數位化建模、模擬，完整地還原了巴黎古城的建造過程，真實還原了巴黎聖母院的原貌和幾百年的建造過程，在數位世界中再現了一塊磚、一扇門、一扇窗的安裝過程，數位孿生讓巴黎聖母院「重生」成為可能。

(二) 案例特點

「數位巴黎」專案，專案靈感源自 GédéonProgrammes 想與大眾分享巴黎歷史的願望。受達梭系統 3D 創新技術的啟發，結合 Gédéon Programmes 十多年拍攝巴黎考古遺跡的經驗，達梭系統希望對已經不復存在或已經修整的標誌性建築進行再創造和保存，於是，打造一個虛擬巴黎古城的想法由此而生。

實際上，「創新激情」是達梭系統的一個企業計畫，該計畫旨在使公司的尖端技術能為歷史學家、考古學家、研究人員和各種發明人員所用。透過模擬、建模以及在一個虛擬的三維世界中驗證假設，描繪真實行為來幫助證明將某個行業和領域推向新高度的理論。「數位巴黎」則是繼「Ice Dream」(冰山夢)和「胡夫金字塔揭秘」之後的又一「創新激情」專案。

早在 2012 年，達梭系統就透過 3D 和歷史還原的方式推出了「數位巴黎」專案，記錄下了巴黎輝煌盛況。其中就有巴黎聖母院建構過程的逼真 3D 場景和細節，這些細節必將對重建巴黎聖母院及保護古文化遺產做出積極貢獻。「數位巴黎」的打造共計花費三百萬歐元資金，主要由 PLANÈTE+ 和達梭系統共同完成，具體包括：巴黎歷史網站、iPad 應用、一本大型畫冊、一系列故事紀錄片節目和片段。

透過 3D 技術及之前「數位巴黎」專案的 3D 歷史場景資料，達梭系統希望能支援巴黎聖母院重建工作。火災後，達梭系統董事會副主席兼首席執行官 Bernard Charles 表示，達梭系統將透過提供 3DEXPERIENCE 平台，3D 機器人模擬和 3D 協同專案方式説明並支援重建巴黎聖母院。

「數位巴黎」專案把這座城市從零開始的歷史時空連續地在數位世界呈現出來，重現了巴黎城市和文明的歷史，人們就可以在數位世界中實現時空穿越和體驗，透過沉浸式的體驗來學習和傳承人類的歷史與文明。

(三) 實施成效

技術可以建構未來，也能幫助還原歷史。「數位巴黎」讓使用者登陸網站即可在 3D 的巴黎城中自由穿行，遊覽巴黎主要的地標性建築，比如，巴黎聖母院、巴士底獄、盧浮宮、艾菲爾鐵塔等，以及一些關鍵時代的建築特色，比如高盧 - 羅馬時期、中世紀、19 世紀建築以及世博會建築登。巴黎建築與考古學歷史部的考古學家迪迪埃 · 布森將對每一座建築及其周邊環境都一一進行詳細講述。

透過數位孿生重現歷史，是為了更好地去設計未來。達梭系統用數位孿生技術還原了巴黎的建造過程，這也為未來巴黎規劃提供了更好的藍圖。數位孿生在重現建築與城市歷史的同時，也革新了知識的傳承方式。人們可以透過沉浸式的體驗在數位孿生的世界中傳承、學習和體驗人類的歷史與文明。未來學生們在上歷史課時，可以帶著 AR\VR 眼鏡穿越到當年歷史發生的場景中去體驗、去感悟。

5.4 安徽創新館之 BOS

(一) 應用背景

安徽創新館是中國第一座以創新為主題的科技展館，場館總占地面積 150 畝，建築面積 8.2 萬平方米。全館由三棟獨立的場館組成，一號館以科技成果展示為核心，二號館以科技創新成果服務為主題，三號館以科技成果轉化交易為主題。基於該建築的特殊性與科技創新元素，結合 VR、大數據、雲端運算、物聯網等當代前沿技術，安徽創新館透過融合各類場景資料如 GIS、BIM、傾斜攝影、設計檔、3D 模型等資料，建立逼真的虛擬場景，1:1 孿生對應的數位世界，實現人、地、事、物在數位世界裡的鏡像孿生。

其中，用戶透過智慧大樓營運管理（BOS）平台掌握營運環境，得以極大縮短反應時間。安徽創新館 BOS 系統是全省首個落地智慧園區數位孿生管控平台，為場館提供了全面、精準、高效的安全及營運管理。

BOS 及智慧大樓管理系統，透過視覺化的數位孿生場景與 IOT 資料結合，建立逼真的虛擬建築場景，建築內外場景能夠即時漫遊，並且對周邊環境進行虛擬 1:1 還原，與真實的場景保持一致，虛擬建築能夠進行大小縮放、分層查看、分間查看、能夠進行平面 360 度旋轉、立面 180 度旋轉，能夠自由操作，便於維運管理人員操控，加快回應速度，縮短處理時間。

BOS 是對傳統智慧大樓的創新升級，是未來對大樓、場館、機場、高鐵站等功能性繁多的公共區域進行預防性管理、節能管理、空間管理的標準產品，透過該系統我們可以連接樓宇的各個控制系統，連接使用者，降低成本，提高效率。

(二) 案例特點

首先，基於高精度還原的 3D+ 場景整合視屏監控資料，安徽創新館 BOS 透過攝像設備實現對創新館全面覆蓋的即時監視與控制。透過建築物模型圖、樓層平面圖和景區電子地圖可選擇待操作的監控點設備，對電視監控系統進行快捷操作。整合系統可以接受其它子系統的報警實現聯動。控制影像畫面的切換、縮放、監視器聚焦、轉動、切換預置位等功能。實現了即時監測出入口狀態並記錄電鎖或閘磁的開關狀態、出入口的開關控制、異常的進出記錄。當有人非法開啟安裝門禁的房門時，系統將會提示報警。

此外，基於高精度還原的 3D+ 場景及各類型火災感知設備終端資料整合，安徽創新館 BOS 消防報警系統能夠透過 RS232 網路向整合管理系統傳遞資訊，內容包括系統主機運行狀態、故障報警；火災報警探測器的工作狀態、探測器位址、位置資訊、相關聯動設備的狀態。

其次，安徽創新館 BOS 綜合資訊整合系統與樓宇自動化系統的主機或控制器相連，透過樓宇自動化系統提供介面彙集各種設備的運行和檢測參數。如冷凍機、熱交換、新風機組、空調機組、各種泵的開 / 關狀態、運行正常 / 非正常狀態等資料，並實施控制各設備。當系統設備如安防報警器、冷凍機、新風機組、空調機組、各種泵及管道出現故障或意外情況時，綜合資訊整合系統將進行採集，並提示。報警管理功能自動運行而無需操作人員介入。當設備發生故障時，能在顯示器上彈出警示紅色閃爍對標記，顯示出相應設備的圖形介面，所有的報警應顯示報警點的詳細資料，包括位置、類別等。

最後，安徽創新館 BOS 還將整個樓宇的各種能耗實事反映出來，在整合管理系統中，可以方便監控和瞭解整個樓宇的狀況；同時，也可以在監視工作站上即時顯示樓宇內的環境參數相應的資訊。能源管理模組對能耗各子系統能量的報表統計，以年、月、日、餅、柱圖不同方式表示及對比。

(三) 實施成效

安徽創新館的智慧硬體設備整合資料平台，能夠接入 IOT 設備資料（設備運行參數、設備運行狀態等），並形成統一資料輸出平台，支援 API 介面調用及參數配置。支援資料儲存及分散式儲存應用。建構資料輸出中間層，優化資料結構與數據分析環節，可支援對於歷史資料的資料庫基本功能。逐步完成 IOT 設備資料湖的建構。

同時，監控平台以監視器資料轉發處理及數據分析處理為功能建構。支援多格式影像串流資料接入，支援影像串流接入分類，參數配置解析能力，可支援影像資料儲存功能，儲存時間、制式、清晰度可配置。滿足影像資料統一轉碼形成統一制式資料輸出。根據大樓平台對大樓事件進行資料監控，對於異常資訊進行報警顯示，並提供報警資訊定位，呈現事情情況與發聲位置，做到中央指揮。監控影像是保障大樓日常安防的重要功能，提供完備的影像監控平台，提供不同類型監視器的接入功能，保障不同功能等級監控需求的滿足。

此外，能效管理系統是一個綜合性系統，目前可以提供基礎性能效管理呈現。根據整合資料底層完成管理模組功能搭建。即時展示能源消耗情況，能源消耗曲線，增加費用統計模組，即時計算費用指標。對各類能效使用及消耗做到細分顆粒度管理。

5.5 吉寶靜安之住宅施工

(一) 應用背景

上海市吉寶靜安中心專案由吉寶置業開發，位於靜安寺北側，距離 CBD 中心 1.5km 輻射範圍內，北臨康定路，西臨常德路，南臨武定路，東側則緊臨靜安豪苑。專案基坑西側為地鐵 7 號線靜安寺與昌平路站區間，距地鐵區間隧道最近距離僅 10.08m；整體地下室埋深約 19.53m；塔樓為超高層建築，高 179.9m。

上海市吉寶靜安中心專案整體施工環節多樣、專業管理複雜度高、各類風險源極多，尤其對周邊居民維穩，以及防止周邊房屋、地鐵區間隧道與專案周邊管線變形的保護要求極高。

基於此，上海市吉寶靜安中心專案在專案管理前期就制定了數位化、智慧化工地施工管理策略，基於數位孿生技術，將 BIM 技術在建築施工管理中的應用貫徹在整個專案週期之中，做到事前預判、事中管理、事後糾偏的「三大維度即時可控」的「數位化」管理策略。

(二) 案例特點

在本專案的應用方案中，上海市吉寶靜安中心專案對中國的 BIM 星雲綜合管理系統及國外的 OpenSpace360 系統兩套軟體進行應用流程整合，即在技術上保證在業界先進性的同時，也結合本土使用者的需求使用中國軟體進行應用嫁接，以期取得更好的應用效果。同時，考慮資料同步的便捷性和現場使用效率，「數位孿生系統」的軟體組成均由雲端平台軟體與 SaaS（軟體即服務）模式進行整合，便於後期處理和各個使用端的使用。

透過 Openspace360 定制化系統，上海市吉寶靜安中心專案實現隨時隨地可以快速查看專案形象進度。其重點在於，可以透過分屏功能選擇兩個日期來查看施工過程的進展變化。透過對 BIM 星雲系統與 OpenSpace 的虛擬實境環境在綜合平台上的即時對比，上海市吉寶靜安中心專案得以在電腦端快速查看實際施工情況並與 BIM 模型進行比較。

此外，巡檢記錄功能可以快速地將手機在現場拍攝到的問題記錄自動定位到專案圖紙中，或者透過施工現場數位化記錄平台線上記錄和管理問題，使整個專案團隊及時瞭解專案情況，從而做出最佳化的解決方案，減少專案風險和成本增加。進度追蹤模組則可以根據施工現場數位化記錄，利用電腦視覺和人工智慧全自動計算出施工現場的工程進展情況，並用圖表和立體模型詳細展示完成的數量、比例和團隊的工作效率，以協助專案管理者及時、快速地瞭解專案情況，優化現場施工管理，同時也可以作為專案付款依據。

(三) 實施成效

吉寶靜安中心專案透過數位化理論、標準與應用方案的分析，總結了一套可適用於 20 萬 m^2 以下的商業辦公地產專案的「數位孿生」系統。並結合虛擬實境 VR 設備與 BIM 建模平台的綜合性雲端平台系統，可以快速實現現場任務派發、3D/2D 圖紙對比、即時記錄與事後溯源。專案將數位化技術集於「數位孿生」系統之後，又形成了一套可以嫁接最新技術資源的中台系統；並在日常使用過程中，讓專家數位化轉化為人人數位化的落地性平台，勢必會在推動行業數位化轉型的趨勢中，提供豐富的理論與實踐依據。

Chapter 06

數位孿生＋智慧能源

6.1 智慧的能源

隨著全球範圍內城市規模的不斷增長，以及居民生活品質要求的日益提升，城市發展與空間、資源、環境等要素間的矛盾越發凸顯。

21 世紀以來，各種先進資訊技術與城市的融合不斷加深，城市建設與運行的資訊化、數位化水準快速提升。以此為基礎，進一步在橫向打通能源、交通、市政等城市各領域間的資訊壁壘，在縱向實現城市從上層規劃建設到底層公眾服務的整體協調統一，建構更加高效、綠色和共用的智慧城市高級形態，成為國內外廣泛關注的問題和未來城市的重點發展方向。

但目前，就中國來說，能源行業存在著體制、技術與市場壁壘，使得能源轉型面臨挑戰。基於此，國家能源局提出智慧能源戰略，建設互連互通、透明開放、互惠共用的能源共用平台，以期解決能源行業普遍存在的壁壘問題。

考慮到綜合能源系統的複雜性，能源與其他多領域的協調交互、在大規模複雜城市層面的協同優化等都需要在數位空間中完成，人工智慧等先進資訊技術的應用也需要依賴數位空間提供的融合資料基礎和高效執行環境。數位孿生作為可在物理世界和數位世界之間建立精準聯繫的技術，因此也被視為解決智慧能源發展所面臨的技術難題的重要技術。

數位孿生已成為當前複雜系統數位化和資訊化發展的共性目標之一，不僅可為系統自身建設運行水準的提升提供手段，同時也為傳統領域與數位技術前沿技術成果融合後的潛力釋放創造了有利條件。在內部需求發展和外部技術進步的雙重驅動下，數位孿生逐步發展成為綜合能源領域的熱點問題。

智慧能源成為共識

近幾百年化石燃料的利用和生機蓬勃的科技創新，讓人類享受到空前的繁榮和富足，世界人口規模和人均 GDP 得以迅速增長，人類在不到一個世紀的時間內，所創造的生產力，比過去一切時代所創造的生產力還要多、還要大。究其原因，無論是工業機器、化學、輪船、鐵路、電報等，都需要大規模的能源作為基礎和支撐。

過去幾十年的經濟發展速度和能源供應曲線的現實，現代社會經濟的發展和能源具有極為緊密的關聯性，能源供應的波動必然帶來經濟發展的波動，反過來，經濟發展波動，也帶來能源消費的波動。人類離不開能源，能源供應中斷事故造成的破壞性後果，更是直觀地展現了人類基本生產生活對能源的依賴性。

然而，對化石燃料的嚴重依賴隱藏著嚴重的危機：一方面，對化石燃料的開採是有限而非無窮的。雖然還有未曾發現的化石燃料蘊藏，但是化石燃料的儲量終究是有限的，如果不能找到合適的替代能源，按照 2018 年的消費速度，在八十年左右的時間內，全球化石燃料將消耗殆盡。

另一方面，大規模開發利用化石燃料造成了日益嚴峻的環境問題和氣候問題。目前人們主要以直接燃燒的方式利用化石燃料，其中含有的硫、氮等排到大氣，形成酸雨等腐蝕性污染物，同時在開發、生產利用過程中排放煙塵的其他污染物，對局部地區水土、地質等造成破壞和污染。化石燃料利用過程中大量排碳，則是大氣溫室效應的主要影響因素。大量碳本來儲存於大地岩層內的化石燃料中，在化石燃料燃燒過程中以二氧化碳氣體形式排入大氣，急速加快大氣中二氧化碳含量，使得地球大氣溫度升高，全球氣候變暖。這些問題將對地球生態環境帶來嚴重影響，最終對人類的發展和生存帶來挑戰。

在這樣的背景下，能源轉型受到越來越多人的關注。不論是歐盟 2010 年發佈的「能源 2020」計畫選擇了綠色能源之路，還是日本政府在 2015 年「國家復興戰略」中明確要重新重視核能；不論是美國政府 2014 年發佈「全方位能源戰略」，強調佔據未來世界能源技術的制高點，還是印度政府 2015 年宣佈大規模發展綠色能源，能源問題都已經上升為各主要國家的核心戰略議題。

在中國，為促進能源行業的轉型升級和技術革命，2019 年 11 月，《中共中央關於堅持和完善中國特色社會主義制度推進國家治理體系和治理能力現代化若干重大問題的決定》要求，推進能源革命，建構清潔低碳、安全高效的能源體系。2020 年 8 月，國務院國資委又發佈《關於加快推進國有企業數位化轉型工作的通知》，提出打造能源類企業數位化轉型示範。明確國有能源企業數位化轉型的基礎、方向、重點和舉措，全面部署能源企業數位化轉型工作。

智慧能源作為能源企業降本增效的重要手段和開拓新業務的重要途徑，在能源行業取得廣泛共識。

智慧能源需要數位孿生

雖然當前能源供應朝著分散生產和網路共用的方向轉變，但能源行業仍普遍存在體制、技術和市場壁壘，能源供應側、傳輸側和消費側都存在大量資訊不透明、不共用的問題。在中國，國家能源局提出的「互聯網 +」智慧能源戰略，將藉助現代資訊技術提供互連互通、透明開放、互惠共用的資訊網路平台，打破現有能源「產、輸、配、用」之間的不對稱資訊格局，推進能源生產與消費模式革命，重構能源行業生態。而該戰略的落地實施正是要求能源系統實施數位化深度轉型，運用新的技術手段助力數位化轉型成為急需。

顯然，雲端運算、人工智慧（AI）、大數據、數位孿生等新興熱點技術，為能源行業的創新與變革帶來了新發展動力，為加速能源系統的數位化轉型提供了技術支撐。融合物聯網技術、通訊技術、大數據分析技術、高性能計算技術和先進模擬分析技術的數位孿生技術體系，已經成為解決當前智慧能源發展面臨問題的關鍵關卡。其中，智慧能源系統作為融合多能源的綜合複雜系統，更是與數位孿生技術的應用方向高度契合。

一方面，數位技術能夠與能源技術融合創新經營模式。長期以來，中國能源領域形成了以石油、天然氣、電力等部門為核心的相對獨立的子系統和技術體系。如煤 - 電 / 熱供應系統，集中的「點 - 線」式供應及配套設備系統經過長期建設，對內不斷強化上下游之間的剛性關聯，對外又相對獨立，久而久之形成了「能源豎井」，造成能源系統整體效率偏低，成為能源產業轉型升級和結構調整的障礙。

透過數位技術的應用，尤其是數位孿生的應用，能夠對能源業務優化整合，打破「能源豎井」，提高能源轉換效率，實現多能融合，促進整個產業鏈的協同發展，逐步形成產業價值網，提高能源優化配置能力，進一步提升對市場的回應和適應能力。如綜合能源服務，正體現著人工智慧等數位技術賦能能源服務的新智慧，其本質是由新技術革命、綠色發展、新能源崛起引發的能源產業結構重塑，從而推動經營模式、商業模式不斷創新，具有綜合、互連、共用、高效、友好等多種特點。國際綜合能源服務模式已經較為成熟，有明確目標導向；中國綜合能源服務當前尚處於探索階段，主要面向工業園區和公共建築，開展多種能源互補利用、消費側管理等業務，為用戶提供高效智慧的能源供應和相關增值服務。

另一方面，數位技術打造分散式能源網路，適應多元需求。在傳統發展模式下，水、電、熱、氣等單一規劃，能源服務選擇單一。未來，藉助數位技術，電力、冷熱、用戶之間的關係變得越來越緊密，以城鎮／園區為能源單元體，依託物聯網和能源網路，數位技術能夠精準預測單元需求，做到能源系統供需互動和自我平衡。比如，在現有能源系統的建模仿真和線上監測技術的基礎上，數位孿生技術體系進一步涵蓋狀態感知、邊緣計算、智慧互連、協定轉換、智慧分析等技術，為智慧能源系統提供更加豐富和真實的模型，從而全面服務於系統的運行和控制。

對於能源供給側來說，則可以藉助能源網路，提升多種形式能源系統互連互通、互惠共濟的能力，有效支撐能源電力低碳轉型、能源綜合利用效率優化、各種能源設施「隨插即用」靈活便捷接入，充分調動分佈在社會各個角落的能源單元體。例如，新能源汽車作為儲能裝備，協助調整城市單元能源供應體系，推動能源供應由集中式到分散式，最後到去中心化轉變。

建構能源數位孿生生態系統

面向智慧能源系統的數位孿生技術貫穿於能源生產、傳輸、儲存、消費、交易等環節，有助於打破能源行業的時間和空間限制，促進各種業務的全方位整合與統一調度管理；橫向聯合能源行業參與主體之間的業務，提高能源利用效率。

梳理形成智慧能源行業的數位孿生技術生態圈，按照能源系統的全生命週期過程，可以將能源數位孿生系統劃分為六部分：能源生產、能源傳輸、能源分配、能源消費、能源儲存和能源市場。隨著各部分之間交互的不斷加深，逐步實現基於數位孿生技術的智慧能源行業可持續發展。

能源生產即藉助雲端－邊緣端協同的數位孿生服務平台，能實現能源生產高效轉換。透過建立虛實整合的模擬模型，即時對能源生產機組的運行狀態和運行環境等進行監控和模擬仿真運行，及時制定各能源生產機組的最佳運行策略；同時應用運行資料中提取的特徵來優化設備生產設計方案，包括數位孿生風機、多物理場光伏模型和數位化電廠等。

能源傳輸方面，由於能源空間分佈失衡，中國部分區域能源資源匱乏，需要依賴能源傳輸以保障能源安全。數位孿生技術可以提升能源傳輸過程中的控制和優化能力。應用數位孿生技術，對直流輸電網中的柔直模組化多電平換流器進行數位孿生建模，以實現對能源傳輸的優化和升級。針對用於電能傳輸的電纜等設備，應用數位孿生技術進行虛實整合的數位化建模，指導電纜設備的全生命週期設計，以提高設備的運行性能和增長設備的使用壽命。數位孿生電網在虛擬實體中可以實現多物理場和多尺度的模擬，使管理人員更真實地瞭解輸電設備的運行狀況和各節點的負荷狀況，透過大數據和智慧演算法即時監控電網並及時對電網可能出現的問題進行預警。

能源分配方面，能源路由器的研發尚處於起步階段，運用數位孿生技術對能源路由器建立虛擬模型並進行大數據模擬分析，進而指導設備的生產設計，大幅縮短設備的研發週期。針對能源分配環節存在的大量變電設備，採用數位孿生技術將變電站設備產生實體，在智慧型機器人與智慧安全監測設備的輔助下，實現海量資料與物理設備的關聯映射，在視覺化平台進行即時展現，形成數位孿生變電站，提升能源分配的經濟性和安全性。

能源消費上，數位孿生將創新能源消費模式。透過數位孿生的應用，全面提升終端能源消費智慧化、高效化水準，促進智慧建築、智慧家居、智慧交通、智慧物流推廣，推動智慧能源城市建設和發展。終端用能電氣化、數位化安全運行體系建設，保障安全可靠的能源消費。發展各類新型能源消費模式，促進能源消費升級。

能源儲存方面，在電動汽車充電樁的規劃階段，基於數位城市模型對充電樁的佈局進行模擬規劃，在滿足用戶充電需求和市政規劃要求的條件下，實現充電樁的最佳分佈。在充電樁建成後，對每個充電樁進行模擬建模，在虛擬場景中呈現其狀態資訊，及時監測並回饋到實際維運管理中指導故障的及時處理。對儲能設備（如電池、超級電容等）進行多物理場、多尺度數位孿生建模，將這些模型應用於監控和預測儲能設備的運行情況，從而實現優化配置。

最後，對於能源市場來說，能源產業的迅猛發展產生了多元化的新型金融市場服務需求，各能源交易公司參與能源市場交易難免存在大量的隱私資料。運用數位孿生技術的資訊安全防禦機制，對網路資訊攻擊行為進行特徵挖掘，建構與資料完整性攻擊相關的最佳特徵屬性集；建立安全風險評估准入機制，聯合將能源交易資訊的安全風險降到最低。

6.2 智慧礦山虛擬開採

(一) 應用背景

當前，國際礦業形勢正在經歷一場深刻的革命，建立綠色、安全高效的現代化智慧礦山開發與利用體系是未來發展方向。在這樣的背景下，加強現代化智慧礦山的理論基礎研究和煤炭開採技術根本性變革，著力解決智慧礦山開採成為當下的關鍵技術難題。基於此，數位孿生作為面向煤炭工業互連互通及智慧化的應用，有望發揮連接物理世界和資訊世界的橋樑與紐帶作用，或將在煤炭開採、影像監控、人機交互等方面提供更加即時、智慧、高效的服務。

在礦業開採過程中，掘進工作是煤礦井下生產的主要環節之一、對掘進工作面的遠端監測與控制關乎煤礦安全、高效和智慧生產。對於此，西安科技大學建構智慧化掘進裝備數位孿生體模型，提出「數位煤層、虛擬同步、資料驅動、即時修正、碰撞預測、煤層預測」技術體系，透過 VR/AR/MR 等技術將資料、模型、預判結果等控制資訊進行視覺化呈現，實現複雜、危險環境下掘進工作面「數位工作面 + 虛擬遠端操控」的數位孿生應用模式。

(二) 案例特點

顯然，要實現智慧礦山開採，建構全息感知、多源融合、流程控制和資料交互的數位孿生礦山模型是核心，而如何建構礦山物理 - 虛擬時空孿生資料平台和基於數位孿生的智慧礦山一體化方案是關鍵因素，同時也是難點和痛點。

而西安科技大學建構的智慧化掘進裝備數位孿生體模型中，數位孿生資料驅動的掘進設備遠端操控系統由感知資料層、模型優化層和智慧控制層組成。其中，感知資料層用於煤礦採掘設備的物理空間感知。

在模型優化層，西安科技大學採用了數位孿生技術，將預處理後的即時採集資料藉助虛擬模型映身至虛擬空間，利用設備工況資料建構健康狀態識別與故障診斷模型，為實現裝備智慧控制建立資料支撐。同時，藉助 VR/AR 技術，以視覺化的方式呈現煤礦採掘工作面設備狀態、故障資訊、掘進狀態、環境狀態等複雜多維時空間資訊，實現人機交互輔助決策及控制。

在智慧控制層，透過對資料的深入分析，獲得裝備故障監測資訊以及截割斷面品質狀況，協助操控者處理設備故障。

基於孿生資料驅動的採掘裝備遠端操控邏輯架構，西安科技大學聯合中煤科工集團常州研究院為陝煤渝北煤業小保當 1 號煤礦研發了智慧掘進機器人數位孿生系統，該系統的關鍵在於數位孿生模型、資料傳輸、資料感知與多機協同控制。

首先，利用多感測器技術實現掘進機器人多個關鍵部位的即時狀態監測；在實現單機控制的基礎上基於煤礦井下巷道掘進經驗設計智慧掘進機器人工序，並按照巷道掘進機器人工序建構協同控制器實現多機協同控制；最後，以數位孿生體通用運行架構為基礎，設計智慧掘進機器人系統數位孿生系統控制架構。

(三) 實施成效

透過裝備虛擬遠端控制系統，西安科技大學實現了掘進過程即時狀態監控，實現人機遠端協同作業；實現了掘進 - 支護 - 運輸平行作業，掘進機精確定位及糾偏控制；實現掘進設備碰撞預警、故障預警等智慧分析功能；顯著提升掘進工作面和作業人員安全性。

當前，目前，VR/AR 技術在礦山虛擬實境視覺化領域的研究取得了一些階段性進展，但其三維重建和資料驅動能力較弱，尚未形成質的飛躍，還不能對複雜條件下的礦山綜合開採工作面進行數位孿生、智慧控制、即時反饋和交互映射，實現裝備的智慧協同與即時監控。

但未來，隨著煤炭智慧開採與虛擬實境技術進入深度融合階段，基於數位孿生的無人化精準開採、透明開採和流態化開採，以及全方位、全時空、智慧化監控研究已逐漸邁向前臺。數位孿生技術將促進煤礦智慧化技術發展，將為智慧礦山技術賦能。

6.3 廊坊熱電廠

(一) 應用背景

隨著廊坊電廠精細化管理要求的不斷提高，現有資訊化系統已不能滿足管理的需求。主要體現為：業務覆蓋不全面，系統無法互相連接，資料利用率低，資料缺乏挖掘分析；生產、經營、燃料等管理標準還未能融入各業務系統，「兩票三制」等關鍵管理制度管控標準化、流程化、智慧化水準存在較大差距，執行效率還不高，安全生產和業務管控還存在風險點；部門間、專業間、崗位間協同化運作無支撐平台，還有較大潛力可挖。

綜上，為回應集團公司戰略發展要求，基於廊坊熱電廠的實際需求和作為集團公司視窗電廠對外展示的需要，結合集團公司安全生產環保工作新要求，利用雲端運算、大數據、物聯網、行動應用程式、人工智慧等前沿資訊技術，在充分利用集團資訊化規劃建設成果的基礎上，按照「雲邊結合」的理念，廊坊熱電廠開啟了數位化轉型建設。

2019 年 8 月，科環集團華電天仁公司與廊坊熱電公司正式簽訂數位化轉型專案契約，透過採購泰瑞數創「SmartEarth 智慧工廠數位孿生系統」產品，對廊坊熱電廠進行數位化轉型建設，運用數位孿生理念和技術助力廊坊熱電廠「輔助機組節能減排、保障機組安全運行、實現設備精實管理、建構主動安全防控能力、提高工作協同效率、實現資源高效利用」，支撐企業生產管控、業務營運的安全、高效、集約、規範和智慧運作，提升企業的科學分析、決策和預判能力，提高設備可靠性，促進機組安全、經濟運行。

(二) 案例特點

首先，廊坊熱電廠根據現場和現有資料情況，採用多種建模手段，融合多種類、多層級的資料成果，建構與現實物理世界等比例、高精度的數位孿生電廠。建設的數位孿生電廠將完整還原廊坊熱電廠各職能區域，直觀、如實的反映各專業設備設施空間分佈關係及必要狀態，滿足人員定位管理、影像監控等安全生產應用需求，涵蓋建築結構、地形場景、交通模型、植被要素模型、其他要素模型和專業設施模型等。

其次，廊坊熱電廠利用三維模型語義化和屬性語義擴展等數位孿生技術，完成設備幾何資訊、業務資訊的融合，實現設備安裝、運行巡檢過程中的三維模擬和即時互動，以及全廠設備的全程視覺化和全生命週期管理透明化。運行管理人員可以在三維虛擬平台中用直觀高效的一體化方式綜合瀏覽熱電廠各類資訊，包括熱電廠本體、接線邏輯以及運行、檢測維修狀態等，同時結合智慧分析模型，預測設備運行趨勢，實現故障提前預警。

廊坊熱電廠實現在三維場景中對監視器的位置、監控範圍進行視覺化直觀展示分析，同時調取影像內容，加強與安全業務關聯性，透過影像獲取監控資訊，加強對重點監控區域的監察管理。實現智慧化、一體化門禁監控管理。

最後，廊坊熱電廠還建構了設施設備全生命週期資料庫，接入設施設備基礎屬性資訊、生產參數監控即時資料、維修維護歷史資料等數據資訊。當主要設備生產參數監控資料發生異常時，系統在模型中定位到異常設備位置，同時發出報警。當環境參數超過設定的安全值範圍，系統在模型中定位到報警位置。留有相關影像介面，可在報警時調出相應影像。

(三) 實施成效

廊坊熱電廠透過將數位孿生和新一代資訊技術融入工廠全過程管理，建構數位化、資訊化、智慧化的管理平台，全面提升了發電生產、管理、營運的資訊化、數位化、智慧化水準。透過全面的資訊感知、互連，以及智慧分析模型，智慧判斷熱電廠設備運行工況，實現一、二類故障全覆蓋，早期預警預判達到 85% 以上，提高了設備的可靠性，實現了促進機組經濟運行，促進安全生產，減員增效，為管理提升、高品質綠色發電、高效清潔近零排放電站建設提供技術支撐。

6.4 數位孿生能源網路規劃平台

(一) 應用背景

能源網路是以電力系統為核心，利用可再生能源發電技術、資訊技術，融合電力網路、天然氣網路、供熱 / 冷網路等多能源網以及電氣交通網形成的能源互連共用網路。能源網路是促進可再生能源消納，提高能源使用效率的重要途徑。因構成網路多，特性差異大，能源網路的規劃、運行和控制面臨大量難題。

在這樣的情況下，數位孿生作為融合物聯網技術、通訊技術、大數據分析技術和高性能計算技術的先進模擬分析技術，有助於解決當前能源網路發展面臨的技術問題，尤其是能源網路的規劃。

CloudIEPS（Cloud-based Integrated Energy Planning Studio）是一款面向綜合能源系統規劃的基於數位孿生技術雲端平台，採用多能源網路能量流計算和優化核心支撐綜合能源系統規劃設計。使用者可根據需求靈活地調整系統能量的梯級利用形式，從而實現綜合能源系統的視覺化建模、智慧化設備配置、全生命週期運行優化和綜合效益評價，輔助使用者實現綜合能源系統方案的規劃設計。

(二) 案例特點

CloudIEPS 包含四大模組，分別是資料管理模組、拓撲編輯模組、整合優化模組和方案評估模組，透過流程化設計引導使用者快捷操作，各模組相互配合協作，共同完成綜合能源系統的規劃設計。各模組的主要功能如下。

資料管理模組：對優化計算、效益評估所需的基礎資料進行統一管理，主要包含了氣象資料、負荷資料、能源資訊資料和待選設備資訊資料。

拓撲編輯模組：使用者利用該模組對綜合能源系統的拓撲結構（即能量梯級利用的形式）進行設計，包括確定要用哪些種類的設備、設備間的連接方式、設備型號和容量是否限定、設備的容量範圍、設備的運行條件、設備或負荷供用能的計價方式等。

整合優化模組：根據使用者設置的基礎資料和資訊，透過優化求解器生成一定數量的滿足約束條件的待選方案，各方案按照用戶設置的經濟性、環保性和能效水準的權重係數進行整體評價並按順序排列在方案清單中，用戶可以查看每種方案對應的詳細配置情況，包括各種設備的選型方案及典型運行方式。

方案評估模組：使用者根據情況選擇方案優化模組中的特定方案後，可以進入方案評估模組對方案進行更詳細的評估。這主要體現在財務評價上，使用者還需要輸入一些金融參數諸如貸款利率、稅率等資訊後獲得詳細的經濟性報表。由於不同的方案對應的基礎財務評價參數存在不同（如土石方工程用量、控制系統工程、專案管理費用等），因此一般情況下使用者需要對方案優化模組中生成的多個方案分別進行評價，最後選擇效益最佳的方案。在該模組中使用者也可以查看更為詳細的環保性和能效水準評價結果。

在 CloudIEPS 上初步建立起該案例系統所對應的數位孿生模型主要需要兩個步驟，分別是資料映射和拓撲映射。資料映射，即將系統運行所涉及的負荷、氣象、設備及能源等相關資訊錄入至 CloudIEPS 的資料管理模組當中，形成對實際系統完整的資料描述。而拓撲映射，則是在 CloudIEPS 拓撲編輯模組中透過選擇和連接對應元件搭建的該案例拓撲結構，形成系統結構的虛擬鏡像。

在建立起 CloudIEPS 數位孿生模型後，即可調用整合優化模組中的優化演算法核心來實現案例系統的優化設計。

(三) 實施成效

在能源網路規劃中，由於系統還未建成運行，數位孿生參與其中的主要作用是對規劃系統建模仿真，並將結果回饋給規劃主體以指導規劃決策。數位孿生可以檢驗運行方案的可行性，計算運行成本、資源短缺量、碳排放量等指標評估運行方案的效果，並提供系統工作點詳細資訊。利用攝動參數後的多次模擬，能夠幫助運行優化尋找搜索方向。

數位孿生可以準確地考慮能源網路中網路和設備的模型，包括各種含有非線性、離散量和動態的模型，以應對前述能源網路規劃面臨的困難。在能源網路規劃中使用數位孿生，一方面能透過數位孿生模擬推演得到能源網路在各種工況下的運行狀態，從而精確地獲取上述優化模型中需要的資訊；另一方面，由於模型本身沒有被簡化或修改，因此能較為貼近真實地評估運行方案的可行性和效果，並回饋到規劃主體中考慮。

相比之下，常用的線性化等簡化方法，雖然使得規劃能夠轉化成易於求出最佳解的問題，但其結果對於原規劃問題的有效性無法保證。此外，採用數位孿生的能源網路規劃可擴展性較強，新增設備或能源形式可透過類似方式在數位孿生中建模仿真。

此外，數位孿生有助於處理能源網路規劃中存在的不確定性，如可再生能源發電、電動汽車充電功率等。藉助不確定性建模、場景生成等技術，數位孿生可以對不同規劃方案進行多概率、多場景的仿真模擬，從中選取最佳方案。

6.5 數位孿生之南方電網

(一) 應用背景

在智慧控制、感知建模、資訊通訊等數位技術群體性演變的背景下，電網數位化轉型是智慧電網建設的必由之途，數位電網是電網在資料規模、品質以及智慧化程度發展到質變臨界點時的產物，也是最終實現電網高度智慧化的前提。數位電網的建設不是一蹴而就的，而需要依賴於物理電網基礎設施的完備以及數位技術的成熟應用。

其中，數位孿生作為一項新興並發展迅速的數位資訊化技術，為推進電網建設全方位感知、網路化連接和穩定化運行提供了新的思路。數位孿生技術以數位化為載體，透過建立現實空間到虛擬空間的映射，實現對現實空間中設備或系統狀態的即時感知，並透過將承載指令的資料回饋到設備或系統指導其決策。透過數位孿生電網體系的建構，使電網運行、管理和服務由實入虛，並透過在虛擬空間的建模、模擬、演繹和操控，以虛控實，加強了電網自我感知、自我決策和自我進化能力，支撐電網各項業務數位化營運，對傳統作業模式和營運模式產生了革命性變化，開闢了新型數位化智慧電網的建設和管理模式，推動了電網數位化和智慧化轉型。

基於此，近年來，南方電網正在加速推進數位電網建設。2019年，南方電網全面啟動數位化轉型，連續兩年印發數位化轉型和數位南網建設行動方案，相繼上線南網雲、人工智慧平台、全域物聯網平台等，建成了南網智瞰、南網智搜、網際網路平台、電網管理平台等一批重要應用系統，隨後相繼發佈《數位電網白皮書》《數位電網推動建構以新能源為主體的新型電力系統白皮書》、《數位電網實踐白皮書》等；2021 年 12 月 3 日，註冊成立南方電網數字電網集團有限公司。「十四五」期間，南網將投資 6700 億元，推進數字電網建設和現代化電網進程，推動新型電力系統建構。智慧配電網建設更是被南網列入「十四五」工作重點，規劃投資達 3200 億元，幾乎占到了總投資的一半。

(二) 案例特點

數位孿生電網是物理維度上的實體電網和資訊維度上的虛擬電網同生共存、虛實交融的電網未來發展形態。數位孿生電網是在數位空間創造一個與物理實體電網匹配對應的數位電網，透過全息模擬、動態監控、即時診斷、精準預測反映物理實體電網在現實環境中的狀態，進而推動電網全要素數位化和虛擬化、全狀態即時化和視覺化、電網運行管理協同化和智慧化，實現物理電網與數位電網協同交互、平行運轉。

數位孿生電網的本質是電網級數據閉環賦能體系，透過資料全域標識、狀態精準感知、資料即時分析、模型科學決策、智慧精準執行，實現電網的模擬、監控、診斷、預測和控制，提高電網的物質資源、智力資源、資訊資源配置效率和運作狀態，開闢新型數位化智慧電網建設和運行管理模式。

其中，南方電網數位孿生技術的應用，主要體現在「南網智瞰」。南網智瞰，是實現「全網一張圖」的門戶及應用，基於南網公司數位化技術基礎平台和數位孿生技術，融合地理、物理、管理和業務資訊，建立動態鮮活電網，提供靈活組合共用服務模式，快速回應上層業務應用的平台。融合了關係、圖、三維的電力領域資料建模技術，建構了覆蓋設備全要素、全時空的數位化模型，覆蓋源網荷儲，支撐全域物聯的透明管理。

目前，南網智瞰平台，累計接入地理要素超 245 萬，管理源網荷儲 2000 多種設備類型共 1.2 億台設備設施、超 10 億設備台帳，接入約 570 億條即時資料，實現 186 萬配電變壓器負荷精細化管理、分界點精益線損分析。上線配電網規劃、九防管理、線損異常分析等 9 個典型應用場景，支撐配網規劃、電網管理平台、智慧台區等 13 套業務系統圖形應用。

此外，電網三維數位化，是南方電網「十四五」期間電網的數位化基礎設施，目前已建成南方電網 110kV 及以上主網數位孿生，形成新型電力系統數位主網架示範。目前，南方電網已完成 110kV 及以上架空輸電線路與變電站圖形、台帳、拓撲等資訊治理，76 萬座電力鐵塔、4794 座變電站座標準確率達 99%；西電東送「八交十一直」直流線路約 1.5 萬公里，佛山供電局、汕頭供電局全域 35kV 及以上架空輸電線路約 7000 公里，從 ±800kV 換流站到 35kV 變電站 19 座試點變電站的三維數位孿生建設。

(三) 實施成效

在發電領域，南網調峰調頻公司基於「南網智瞰」，透過將發電生產領域帳卡物一致性管理、缺陷管理、發電設備狀態監測等應用的資料進行整合，探索涵蓋機組啟停狀態、可靠性指標、電量統計、缺陷統計等業務場景的資料多維立體融合分析展示。

基於領域資訊模型，形成調峰調頻公司生產業務數位化轉型建設的方法模式，按照業務框架，策劃建構業務模型，精準表達業務需求，實現業務規範與 IT 系統建設的無縫對接。此外，還建構了業務領域資訊模型建模工具，標準化了業務領域資訊模型的建構方法。

以清遠抽水蓄能電站為試點，開展抽水蓄能電站三維建模與視覺化的研究及應用，為進一步的數據分析和管理及相關決策優化等應用系統，提供三維視覺化平台支援。以設備為中心，串聯生產管理主要業務活動，徹底消除資料孤島。

輸電方面，三維數位化通道，是數位輸電的典型應用，以南網智瞰地圖服務為基礎，透過鐳射建模技術、模式向量化技術開展架空線路資訊建模，資訊模型融合線上監測、機巡等資料。三維數位化通道，是數位輸電的基礎與載體，支撐線路智慧驗收、強化數位賦能、開展無人機自動駕駛、提升空間距離監測。目前全網已完成 500kV 及以上線路數位化通道建設 5.7 萬公里，500kV 及以上線路外部隱患風險點安裝智慧終端機 3700 餘套，輸電線路無人機巡視 80.8 萬公里，機巡業務占比首次超 70%。

變電方面，220kV 大英山數位孿生變電站，是基於統一數位電網模型開展的物理電網「孿生」數位電網實踐案例，全面融合海南數位電網平台，實現生產運行狀態即時線上測量，物理設備、控制系統和資訊系統的互連互通。同時貫通主配網動態拓撲，支撐全電壓等級全連結的電網拓撲分析。

數位孿生變電站模型設計，從企業級全域出發，統籌兼顧各部門視角及需求，統一設計，消除冗餘，加強協同，實現資產全生命週期資訊貫通共用。

依據模型層級與設備、部件顆粒度分類，對每個配電區域、間隔、一次設備、隔離開關和短路器等進行設備產生實體，透過相應的編碼和電氣一次主接線圖，實現量測資料產生實體。相關資料統一彙聚到南網公司資料中心，形成資料的統一入口、儲存、出口。採用三維 Wed 端三維可視技術，重構立體孿生世界，實現變電站生產設備、調度運行融合管理。

配電方面，深圳供電局依託南網智瞰平台，打通配電網「全鏈條」業務視圖，實現數位化電網全景、網格化智慧規劃、智慧化台區監控和透明化停電全過程管理，實現配電網管理全鏈條數位化轉型。深圳供電局配電網實現配電網狀態、運行、資源等資料的全貫通。融合管理資訊、自動化、線上監測和外部資料 4 大類資料，貫通 500kV 到 300V 的電網拓撲。業務全鏈條，實現規劃、運行維運和客戶服務的橫向協同。

用電方面，松山湖數位用電示範區，利用數位孿生 + 物聯網 + 雲邊融合技術，建構了分層級多能協同優化體系，實現多種能源形式並網運行和高效消納。松山湖數位用電示範區接入 570 個充電站、3013 個充電樁，6326 個光伏網站、1 組冷熱電聯產系統、12 個儲能站、3 個柔性負荷點、4 個微網；3000+ 複雜平行處理模型，日處理資料超 200TB；客戶年平均停電時間小於 2 分鐘，分散式清潔能源消納率大於 97%，2021 年度累計減少客戶用電經濟損失大於 600 萬元。

Chapter 07

數位孿生 + 智慧健康

7.1 數位孿生健康時代

數位孿生的生長經歷著數位化、互動、先知、先覺和共智的演變過程，承載著人類的野心。2020 年年初，達梭系統就提出了數位化革命從原來物質世界中沒有生命的「thing」擴展到有生命的「life」。

顯然，數位孿生體的應用絕不止於工業，數位孿生的應用還將從原子、器件擴展到健康、人體，當數位孿生在健康時，還敘述著關於數位化的更多潛力。

從「Thing」到「Life」

數位孿生，經歷了從 CAD/CAE 建模仿真、傳統系統工程等技術準備期，到數位孿生體模型的出現和英文術語名稱的確定的概念產生期。如今，在物聯網、大數據、機器學習、區塊鏈、雲端運算等週邊賦能技術勃興下，數位孿生也終於進入應用期。

過去十年，是數位孿生體的領先應用期，主要指 NASA、美國軍方和 GE 等航空航太、國防軍工機構的領先應用。而隨著數位化技術的發展應用，人們在用數位孿生技術重建一個物件、一個系統、一個城市，甚至一個世界的同時，數位孿生也充分地暴露著人類的野心。

但回顧過去，數位孿生更多的是應用在製造業領域，從過去飛機、汽車、船舶等高端複雜的製造業，製造這些產品的工業裝備行業，發展到高科技電子行業的電子產品，日常生活消費行業的時裝鞋帽、化妝品、家居傢俱、食品飲料消費產品。包括在基礎設施行業中，數位孿生的應用也日益增加，包括鐵路、公路、核電站、水電站、火電站、城市建築乃至整個城市，以及礦山開採。

儘管數位孿生系統起源於智慧製造領域，但隨著人工智慧與感測器技術的發展，在更複雜多樣的社群管理領域，同樣可以發揮巨大作用。今年年初，達梭系統就提出了數位化革命從原來物質世界中沒有生命的「thing」擴展到有生命的「life」，比如，人體健康的管理，疾病預測等。

事實上，健康服務不僅包括醫療服務，還包括健康管理與促進、健康保險以及相關服務。發達國家健康服務業規模可達其國內生產總值的 10% ～ 17%，而中國健康服務產業目前仍以醫療衛生服務為主，前端產業（疾病預防和健康維持類）和後端產業（健康促進和提升類）規模小、內容少、發展滯後，且總量較小。

當前，產業大多聚焦於老年健康服務，對慢性病和亞健康人群的健康服務較為缺乏；而健康服務需求正由線下模式轉到以線上為主、線下為輔的新模式，由單次體檢轉變為長期、連續的監測和干預。

疫情期間，宅在家中的生活模式更使人們意識到家庭場景中健康服務的缺失，比如缺乏連續測量監測以及上傳個人健康體征資料的工具，缺乏有效的通道使居民高效獲得簽約家庭醫生的健康指導和治療方案，缺乏便捷的方式讓居民獲取高端增值的個性化健康管理服務（如膳食營養、健身服務等）。

數位孿生為家庭健康服務創造了條件——數位孿生在整個生命週期中，在虛體空間中所建構數位模型，於此形成了與物理實體空間中的現實事物所對應的在形、態、行為和質地上都相像的虛實精確映射。

顯然，透過視覺感測器、人工智慧晶片、深度學習演算法及數位孿生建模技術實現家庭成員（尤其是老年人）日常行為活動姿態、健康風險情況的監測與預警，發揮全面關愛家庭成員健康，降低服務成本，提高家庭健康服務品質，降低家庭成員健康風險隱患，實現家庭健康的智慧化精細化管理的作用。

數位孿生在健康

就數位孿生技術在醫療健康領域的具體應用來看，一方面，數位孿生可以為個體提供即時的健康監測和健康管理。另一方面，數位孿生可以作用於醫療領域的健康系統，為健康系統的實施提供更多的指導。

從個體健康來看，未來，每個人都可以擁有屬於自己的數位孿生。把醫療設備數位孿生，比如手術床、監護儀、治療儀等，與醫療輔助設備數位孿生，比如人體外骨骼、輪椅、心臟支架等結合起來，數位孿生將會成為個人健康管理、健康醫療服務的新平台和新實驗手段。

具體來看，生物人體可以透過各種新型醫療檢測和掃描儀器以及可穿戴設備，完成對生物人體進行動靜態多來源資料採集；

而虛擬人體則可以基於多時空尺度、多維資料，透過建模完美地複製出虛擬人體。其中，幾何模型體現的是人體外形和內部器官的外觀和尺寸；物理模型體現的是神經、血管、肌肉、骨骼等的物理特徵；生理模型是脈搏、心率等生理資料和特徵；生化模型是最複雜的，要在組織、細胞和分子的多空間尺度，甚至毫秒、微秒數量級的多時間尺度展現人體生化指標。

基於此，孿生資料就擁有了來自生物人體的資料，包括 CT、核磁、心電圖、彩超等醫療檢測和掃描儀器檢測的資料；血常規、尿檢、生物酶等生化資料；以及健康預測、手術模擬、虛擬藥物試驗等虛擬模擬數；此外還包括歷史統計資料和醫療記錄等。這些資料可以融合產生診斷結果和治療方案。

同時，醫療健康服務也將基於虛實結合的人體數位孿生，提供的服務包括健康狀態即時監控、專家遠端會診、虛擬手術驗證與訓練、醫生培訓、手術輔助和藥物研發等。而資料即時連接保證了物理虛擬的一致性，為診斷和治療提供了綜合資料基礎，提高了診斷準確性、手術成功率。

對於醫療領域的健康系統來說，首先，在臨床領域，數位孿生技術可以透過建構人類數位孿生，即一個與物理人相連的虛擬人，實現人們健康狀態持續檢查、預測和診斷。這種數位孿生允許對人類健康狀況進行詳細和持續的檢查，透過結合患者的個人歷史和當前環境（如地點、時間和活動）預測疾病的發生，最後給出最佳預防措施或治療。

實際上，數位孿生在醫療行業中相當於使用數位化方式去複製物理實體物件或服務，它為相關系統性能測試提供了一個絕對安全的環境。在實際應用方面，它可以提供給醫生手術成功率資料，説明醫生做出治療方案決策，並管理病人的疾病。

利用數位孿生技術建構一個虛擬「個體」，每種已知的治療方案都運用在虛擬個體上，並獲得「治療」效果，醫療人員由此可推斷出最佳治療方案。數位孿生技術甚至可監控虛擬「個體」，並在疾病出現前發出警報，從而達到真正的個體或患者提前採取預防措施的目的，這正是醫療保健領域的數位孿生模型所需要完成的任務。

其次，創建醫院的數位孿生模型，可以使醫院管理員、醫生和護士在第一時間獲取病人的身體狀態情況，獲取其健康資料。數位孿生為診療分析流程提供了一種更高效的方法，在合適的時間內，針對需要立即採取行動，提醒相關醫療人員。這種方法可大幅提高急診室的使用效率、疏散病人流量、減少醫療成本並增強患者就醫體驗。此外，數位孿生可用於預測病人未來可能發生的疾病和預防病人的緊急情況，以做好應急的處理。同時，數位孿生還可應用於醫療設備的預測性維護，並優化設備的速度和能耗等方面性能，以完成醫院生命週期的優化。

在數位孿生建立數位人體方面，人體比機械要複雜太多，人體有 37 萬億個細胞，每一個細胞生命週期裡又有 4200 萬的蛋白質。人體數位化，即基於人體相關的多學科、多專業知識的系統化研究，並將這些知識全部注入人體的數位孿生體中。這有利於降低各種手術風險，提高成功率，改進藥物研發，提高藥物的效用。數位孿生體是與實體世界對應的數位化表達方式。數位孿生始於數位化，又不止於數位化，接受物理資訊，更驅動物理世界。從原子、器件擴展到健康、人體的應用，還將展示關於數位化的更多潛力。

7.2 DISCIPULUS 數位患者

(一) 應用背景

當前，現代醫學正在從一門等待、反應、治療的學科轉變為一門預防、跨學科的科學，旨在為患者提供個性化、系統性、精準的治療方案。基於「數位孿生」患者模型，DISCIPULUS 專案嘗試將人體作為一個整體進行建模，並提供個人健康狀況的全景視圖。

該專案是由歐盟委員會資助的「協調與支持行動計畫」的一部分。該專案是在歐盟第七框架計畫（2007-2013）範圍內進行的，旨在確定實現數位患者應用案例的路線圖。DISCIPULUS 專案的合作夥伴包括：英國倫敦大學學院；歐盟《Empirica》期刊；德國；英國謝菲爾德大學；義大利裡佐利骨科學院和西班牙的龐培法布拉大學。

(二) 案例特點

簡單來説，數位患者，即特定患者的虛擬呈現，可有助於進行以患者為導向的分析，因為使用連續的資料登錄，從而提高了準確性。這種孿生可以採取多種形式，從只研究身體的一部分到研究身體整體的綜合模型。按照製作數位孿生的過程，可以分為主動、被動和半主動數位孿生。

主動數位孿生的工作原理是所用數值模型參數的不斷更新。這需要不斷監測人體系統的不同特徵，以估計模型的參數。在人體體循環中，如果能在外周動脈進行無創監測，那麼這種監測將是快速而經濟的。由於外周動脈的壓力波形很容易測量，因此在體循環的其餘部分反演測定波形可以提供一種評估個人健康狀況的簡單方法。在主動數位孿生模型中，系統迴圈模型是透過在可及的位置連續監測迴圈，並將真實資料登錄模型進行不斷調整。這種數位孿生能夠應用於心腦血管疾病的診斷和監測，如腦中風、心肌病、心律失常、動脈瘤、動脈狹窄或這類問題同時發生的組合。

被動數位孿生是指使用所獲得的資料創建離線模型的孿生。這在許多特定受試者的血流建模研究中是很常見的。這類研究的一些例子有：血流儲備分數（FFR）計算，瞭解動脈瘤破裂的可能性和動脈狹窄等。透過線上計算，將測量資料提供給基礎模型，這些被動數位孿生可以增強為主動或半主動數位孿生。

(三) 實施成效

當然，創建數位患者需要克服一個困難的過程，需要對生物醫學、數學、生物工程和電腦科學分支進行綜合和跨學科的應用研究。並且，由於人類的複雜性，該領域需要經驗豐富的人員來創建數位孿生體；此外，收集到的資料必須是完整的，且適合進行分析應用，由於數位患者需要更多資料。迄今為止，僅完成了幾個虛擬患者專案。即便如此，數位患者的潛力也是巨大的。

7.3 藍腦計畫

(一) 應用背景

人腦中含有大約 1000 億個神經元，這些神經元能夠對周遭的環境以及所有其他感覺器官獲得的刺激進行理解並作出反應。基於此，為了透過逆向工程或數位解構大腦電路以瞭解其功能，從而使大腦重建成為可能，惠普公司與勞桑聯邦理工學院（EPFL）在 2005 年啟動了「藍腦計畫」。

藍腦計畫使用了 IBM 的 eServer Blue Gene 電腦（eServer Blue Gene 每秒鐘能夠進行 22.8 萬億次浮點運算）。其目的是利用實驗中獲得的有關神經元三維形狀及其電學特性、離子通道和不同細胞產生的蛋白質的資料，來建構一個具有生物學細節的大腦電腦模型。

雖然在當時，數位孿生概念並未像現在這般普及，但使用 IBM 的超級電腦來模擬人腦的這種方式，卻可以視為數位孿生應用於健康領域的典型之一。

(二) 案例特點

在藍腦計畫開展的 13 年後，該專案團隊成功發佈了他們的第一個數位 3D 大腦圖譜，首張小鼠大腦每個細胞的數位 3D 圖譜為神經科學家提供全部 737 個腦區中主要細胞類型、數量和位置等先前無法獲得的資訊，極大地加快腦科學的進展。就像「從原始衛星圖像到 Google 地球」,「藍腦細胞圖譜」（the Blue Brain Cell Atlas）允許任何人對小鼠大腦中的每個區域進行視覺化，並且可以利用免費下載的資料進行新的分析和建模。

而在藍腦大腦以前的大腦圖譜往往由一堆染色腦切片的圖像組成。一些顯示全腦精確的細胞位置，另一些則顯示特定的細胞類型；但沒有一個能將這些有價值的資料轉換為腦中所有細胞的數量和位置。

「藍腦細胞圖譜」將數百個全腦組織染色資料整合為一個綜合性、互動式的動態線上資源，後續有了新發現可以持續更新。這張突破性的數位圖譜可用於分析和進一步為特定的腦區建模，是邁向完全模擬齧齒動物大腦的重要一步。

藍腦計畫創始人兼主任 Henry Markram 教授表示：「儘管在過去的一個世紀進行了大量研究，我們仍然只能獲得 4% 的小鼠腦區的細胞數量——而且這些估計通常相差三倍，這限制了我們研究和模擬大腦的努力。但是藍腦細胞圖譜解決了這個問題，並為整個小鼠大腦的全部區域給出了我們現今已有的最準確的估計。」

Markram 教授表示，這個模型可以再現皮質回路的突現性質。當用特定的方法操作時，例如模擬觸鬚的撓度，此模型可以得到和實際實驗一樣的結果。他還說，這個模型可以模擬無法實際操作的實驗，這樣就能說明人們瞭解神經網路中單個神經元的作用。

(三) 實施成效

目前，藍色大腦計畫已經發表了實驗結果和數位化重構結果，其他科學家能夠利用它們檢驗關於腦功能的理論和假說。儘管 Markram 認為：「這份重構結果只是一個初稿，它並不完善，還不是腦組織的完美數位化複製。」實際上，當前的版本的確忽略了許多重要的方面，如神經膠質細胞、血管、細胞縫隙連接、神經可塑性和神經調節。但對於重構和模擬大腦來說，藍腦計畫已經朝著這個方向邁出了重要的一步。

在未來，基於數位孿生來重構和模擬大腦，將成為醫學領域的一個新興領域，透過對人群個體與它對應的數位孿生體進行比較，數位孿生將有潛力成為一個豐富的資料來源，用來確定新的、更有效的治療路線，建立對人體健康與疾病更清晰的認識。

7.4 達梭系統數位心臟

(一) 應用背景

與工業製造的數位孿生相比，基因、細胞、器官、人體的數位孿生顯然更加複雜。一輛汽車的零部件有 3 萬左右，波音 777 零部件是 600 萬，航空母艦零部件是 10 億量級，而人體是由 37 萬億個細胞組成的，每一個細胞的生命週期中要製造 4200 萬蛋白質分子。可以說，人類社會所有機器加起的複雜度還沒有人的一節小手指的複雜度高。

即便如此，數位孿生也沒有停下向生命科學領域探索的步伐，達梭系統就在這方面進行了積極探索。達梭系統在推動製造、城市數位化同時，全面佈局到生物、醫學領域的數位化。醫學領域數位化方面，達梭系統一個非常著名的專案就是數位心臟（Living Heart），即在數位世界建構一個數位孿生的心臟。

這項工作的基礎是，透過研究心臟生物學、物理學、化學的作用規律，研究心臟是如何泵送血液，患者口服降壓藥後藥物分子怎麼作用於心臟，捕捉心臟如何透過生物電控制每股肌肉纖維產生收縮力，還原複製人類心臟的真實運行，基於對心臟物理、化學、生物規律完全掌握的基礎上，建構一個數位心臟。

(二) 案例特點

達梭系統的數位心臟將利用從資料中學習到的統計模型，透過多維度知識和資料整合的機械建模和模擬進行演繹，模型包含了生理學知識以及物理和化學的基本定律，提供一個整合和擴充實驗和臨床資料的框架。

並且，達梭系統的數位心臟透過雲端 3DEXPERIENCE 平台提供，即便是最小型的醫療設備企業也能實現高性能計算（HPC）的速度與靈活性。任何生命科學公司都能快速按需訪問完整的 HPC 環境，並安全擴展虛擬測試，開展協同工作，同時管理基礎設施成本。

其中，3DEXPERIENCE 平台是達梭系統開發的一個創新平台，讓企業能夠透過他們的價值網路，以社交方式探索各種可能。從構思、設計、工程、製造直至市場行銷與銷售和服務，該平台説明所有參與方在整個創新流程中共用單一資料來源並更有效地開展協作，為企業創造價值提供了綜合全面的方法。除了採用資料驅動的模式，3DEXPERIENCE 平台還添加了基於模型的功能，用於定義 3DEXPERIENCE 孿生。3DEXPERIENCE 孿生不僅是一種虛擬表達，還為創建和測試新功能、新創新和新強化功能提供途徑。

利用 3DEXPERIENCE 孿生，企業在向市場發佈產品前可以建模、模擬並優化客戶體驗。藉助 3DEXPERIENCE 平台，企業可以透過資料驅動型應用建立數位化連接，在統一、完整的產品定義上開展工作並根據不同職能提供相同資料的對應視圖，避免為每個職能保留單獨的資料庫。這種對數位產品定義的即時訪問功能有助於企業加快業務的數位化轉型，從而支援可持續的創新流程。

達梭系統的生命科學副總裁 Jean Colombel 指出：「活體心臟專案是達梭系統致力於採用進階模擬應用，推進科技發展戰略的組成部分。透過打造社區和變革平台，我們開始看到活體心臟專案的進展用於心血管和身體其他部位研究的各個方面，包括大腦、脊柱、足部和眼部，從而在病患護理方面開闢新的領域。」

Caelynx 公司的總裁兼首席工程師 Joe Formicola 對此表示：「醫療設備在開發階段需要成千上萬次測試。隨著數位心臟進入雲端，新設計方案採用模擬心臟實際上能同時進行無限次的測試，而不再侷限於逐次進行測試，這就大幅降低了創新的門檻，更不用説節約時間和成本了。」

(三) 實施成效

數位孿生心臟價值巨大：

首先，數位孿生心臟可以提高心臟手術品質、降低風險。心臟手術專家可以事先藉助數位孿生的心臟進行手術預演、規劃手術步驟，説明醫生設計規劃最佳手術方案，提高醫生手術品質，降低風險。

其次，數位孿生心臟可開展各類心臟臨床醫學的教學教研。無論是醫學院，還是醫院，基於數位孿生的心臟，可以低成本、高效率、高品質地開展複雜醫學手術和解刨教學，提高醫生和醫學院學者的學習效率。

最後，數位孿生心臟將説明改進藥物、醫療器械的設計及快速透過許可。全球醫療器械行業設計出來的醫療設備，只有 45% 最終能夠得到監管機構的批准。醫療設備製造商可以藉助心臟數位孿生體開展藥物和醫療器械的模擬實驗，大幅縮短醫療器械的研發週期，使之能夠快速透過醫療部門的認證。

Note

Chapter 08

數位孿生 + 智慧國防

8.1 數位孿生在國防

世界百年未有之大變局下，國防已經成為大國博弈的主戰場。以中美為例，當前，中美在軍貿、航空發動機、衛星網際網路、大飛機、半導體等國家重大戰略安全領域的博弈和競爭正在加劇。可以說，國防是所有科技戰的最高陣地，是所有經濟、民生、產業發展的立國之本，大國之根基。

其中，數位孿生技術在國防領域的應用表現尤為突出，同時，國防領域又引領數位孿生應用達到先進水準。事實上，數位孿生本就發源於國防領域，過去 10 年最為引人矚目的成果也主要跟國防、航空航太和汽車等相關。當前，數位孿生技術在武器裝備全生命週期的應用已經初見成效，軍工巨頭參與數位孿生聯盟運作，正在加速數位孿生技術的推廣，成為國防領域發展的重要推動力。

國防數位孿生價值所在

國防科技技術不僅是很多先進技術的源頭，也是大國博弈的戰略高地和提升國家科技創新能力的重要方向。然而，儘管國防需求是重要的推動力，但隨著武器裝備越來越複雜，武器裝備的研製成本高居不下，研製週期不斷延長，影響了國防戰略的落實和作戰需要，這迫使人們從傳統國防體系研發轉向數位化國防體系研發，其中，數位孿生作為物理世界和數位空間交互的技術，契合了國防技術研發的需要，受到了國防領域的廣泛關注。

數位孿生強調充分利用物理實體的物理模型與感測器回饋資料、運行歷史資料等資訊資料，在虛擬世界中建構一個物理實體的鏡像數位模型，透過兩者的即時連接、映射、分析、回饋，來瞭解、分析和優化物理實體，全域掌控其即時狀態，提供更完善的全壽期支援服務，涉及物理實體、數位孿生體、孿生資料、連接交互、服務等核心要素。

數位孿生具有即時性、雙向性和全週期的特點。這讓數位孿生能夠應用於軍武器裝備研製、生產與運行維護等多個環節，顯著提升了武器裝備的研製、生產和決策水準。其中，即時性讓數位孿生體可對物理實體進行動態模擬，兩者之間可實現動態資料即時互動，並根據彼此的動態變化即時做出回應。雙向性是指物理實體在向數位孿生體輸出資料外，數位孿生體也能夠向物理實體回饋資訊，並根據回饋資訊，對物理實體採取進一步的行動和干預。全週期則是指數位孿生可以貫穿產品設計、開發、製造、維護乃至報廢的整個週期。

具體來看，首先，藉助數位孿生可以推動設計優化、預測裝備性能與品質，提高設計的準確性。透過建立數位孿生體，在實際製造出任何零部件之前就可以預測其成品性能與品質，識別設計缺陷，並在數位孿生體中直接進行迭代設計，重新進行製造模擬，保證所有的設計技術指標都可以準確無誤地實現，提高設計的準確性，並可大幅縮短研製週期、降低研發成本。

2019 年 10 月，美國海軍資訊戰系統司令部為「林肯」號航母建構了首個名為「數位林肯」的數位孿生體。基於虛擬試驗環境，該數位孿生體可對航母下一代綜合戰術環境系統、海上全球指揮控制系統等 5 個資訊系統的性能進行測試，在實裝部署前透過模擬分析確定其能力差距，提高系統的可靠性、安全性和相容性。該技術還將推廣應用在「艾森豪」號航母的模型建構過程。

其次，藉助數位孿生技術，可以提升製造資源管控效率和品質，降本增效。將產品本身的數位孿生體與生產設備、生產過程等其他形態的數位孿生體形成「共智關係」，可優化製造流程，合理配置製造資源，減少設備停機時間，提升工廠管控效率和品質，進而提高生產資源利用率，降低生產成本。

2017 年 12 月，洛克希德．馬丁公司在 F-35 戰機沃斯堡生產廠家部署採用數位孿生技術的「智慧空間平台」，將實際生產資料映射到數位孿生模型中，並與製造規劃及執行系統相銜接，提前規劃和調配製造資源。2019 年 4 月，美國海軍海上系統司令部將數位孿生技術應用於 4 家船廠的廠區配置，主要目標包括：研究船廠焊接工廠、物料倉庫、辦公空間的新佈局，改進工作流程、減少無效工時。預計該計畫完成後，船廠每年可節省 30 多萬個工時。

最後，藉助數位孿生，能夠即時精準監測裝備運行狀態和實際效能，實現裝備健康管理。數位孿生技術透過與工業物聯網、大數據等技術整合應用，可即時、遠端、精準地監測物理實體的運行狀態和實際發揮的效能，進行物理實體故障診斷，提高故障分析效率；提早發現潛在的風險和問題，並進行預測性維修；透過即時監控產品的運行狀態，並利用大數據分析技術，將裝備的真實使用情況回饋到設計端，有助於實現裝備的持續有效改進。

2019 年 9 月，美國紐波特紐斯造船廠建立了「福特級」航母先進武器升降機的數位孿生模型，全力解決「福特級」航母先進武器升降機出現的故障，確保升降機正常交付使用。2020 年 8 月，美國國家製造科學中心表示其正透過美國國防部「用於維修活動的民用技術（CTMA）」為一架 1985 年開始服役的 B-1B「槍騎兵」戰略轟炸機創建整機數位孿生模型，用於預測飛機性能，即時診斷飛機結構的健康狀況，實現轟炸機服役到 2040 年的目標。

引入數位孿生基礎設施

想要實現國防數位孿生的最大價值，一方面，需要加強數位孿生技術的頂層謀劃，在相關規劃計畫中制定明確的數位孿生技術應用戰略和目標，搭建關鍵技術、標準規範、軟硬體配套等數位孿生整體發展架構，制定數位孿生技術發展路線圖。另一方面，從技術角度來看，最重要的就是引入數位孿生基礎設施，同時應開發數位孿生作業系統，讓各裝備系統實現資料自動化，實現成本更低、研製週期更短的數位孿生裝備。

其中，基礎設施包括高速傳感網路及資料獲取技術，以獲取系統即時狀態；多專業數位孿生建模技術，以建構系統全要素、高保真模型；高性能計算、人工智慧技術，以實現系統、模型、環境等海量資料的高速高效處理、迭代優化及智慧決策；開發物聯網平台，以實現複雜系統「虛實融合」等，為國防數位孿生提供技術基礎。透過引入數位孿生技術，能夠大幅改善武器裝備的研製成本和週期，並且降低運行維護的投入。這也有助於更廣泛的「數位孿生 +」應用場景實現，比如裝備設計、生產製造、預測性維修等若干典型應用場景。

英國經濟學家佩蕾絲曾經提出一套技術經濟的範式，把工業革命劃分成五次產業與技術革命，即早期機械時代、蒸汽機與鐵路時代、鋼鐵與電力時代、石油與汽車時代和資訊與通訊時代。回顧產業技術革命，會發現，不同的歷史發展階段有著不同的基礎設施，一代基礎設施支撐一次產業革命。

每一次引導產業技術革命的基礎設施都由一組技術相互作用而成，這些技術共同構成技術體系進而形成一個平台，而這個平台為其他創新提供了可能。當技術體系形成一代完善的基礎設施時，就有可能會孕育一場產業革命，基礎設施對於國防數位孿生的必要性可見一斑。

從基礎設施的視角看，國防數位孿生在解構舊技術體系的同時，也在建立一個新的技術體系，即一個數位孿生技術體系。國防數位孿生技術體系，就是在位元的汪洋中重構原子的運行軌道，透過物理世界與數位孿生世界的相互映射、即時互動、高效協同，在位元的世界中建構物質世界的新運行框架和體系。從這個意義上來看，數位孿生基礎設施是就建構國防數位孿生技術大廈的「地基」。

這已經在 AFRL 早期開展機身數位孿生體專案的時候就已經實現了，並取得了非常突出的效果。後來在其他武器裝備開始應用，比如 WeaponONE 和彈道導彈系統等，結合到作戰雲等技術，也實現了數位孿生裝備體系。

8.2 數位孿生衛星工廠

(一) 應用背景

衛星作為發射數量最多、應用最廣、發展最快的航天器，正改變著人類的生活，影響著人類的文明。近年來，衛星產業發展迅猛，數位化、網路化、智慧化、服務化，衛星產業轉型升級需求日益增長。並且，隨著多波束天線技術、頻率重用技術、進階調製方案、軟體定義無線電、軟體定義載荷、軟體定義網路、微小衛星製造，以及一箭多星、火箭回收等技術的發展與成熟，衛星產業正呈現出結構小型化、製造批量化、功能多樣化低成本商業化等發展趨勢。

在新技術發展和多樣化需求的雙驅動下，衛星產業贏了發展的新機遇，但也面臨著相應的新挑戰。當前，衛星工程全生命週期中仍存在部分系統數位化程度低、系統間資訊交互能力弱、流程間模型演化與資料關聯能力差等不足或問題，且衛星產品、衛星工廠、衛星網路等的數位化、網路化、智慧化、服務化水準仍不能滿足快速回應、即時管控、高效智慧、靈活重構、便捷易用等多樣化需求。

其中，衛星工廠是衛星製造活動的主體，衛星總組裝工廠主要負責衛星的裝配、整合及測試，包括人員、設備、環境、型號產品、工具等諸多生產要素，是衛星製造的重要部門。針對批量化衛星總裝型號任務特點，為了實現對衛星總組裝工廠的即時監控，解決總裝過程中資訊物理融合問題，即物理融合（工裝設備交互協作）、模型融合（工廠要素模型運行與交互）、資料融合（物理資料、資訊資料融合及管理）、服務融合（工廠管控服務調用與整合），建立基於模型與資料驅動的整合化管控平台，北京航空航太大學陶飛教授團隊與中國空間技術研究院合作，以衛星總裝為背景，結合開展的「基於數位孿生的型號 AIT 生產線控制系統研製」專案，設計並研發了一套數位孿生衛星總組裝工廠原型系統。

(二) 案例特點

陶飛教授團隊基於數位孿生工廠與數位孿生衛星的概念理論，分別在數位孿生衛星總組裝工廠模型建構、資料獲取與控制系統實現、工廠整合管控系統搭建方面進行了相關模型建立。

在數位孿生衛星總組裝工廠模型建構上，研究團隊對數位孿生衛星總組裝工廠建模方法進行研究並以驗證生產線為例建構工廠模型。在資料獲取與控制系統實現上，研究團隊對衛星總裝過程線上資料獲取與傳輸系統架構進行設計研究並實現各要素資料的即時採集以及部分總裝設備的控制。在工廠整合管控系統搭建上，基於數位孿生衛星總組裝工廠模型建構、資料獲取與控制系統研究，搭建了數位孿生衛星總組裝工廠管控系統。

具體來看，在數位孿生衛星總組裝工廠模型建構上，首先，研究團隊對工廠生產線「人 - 機 - 料 - 法 - 環」等關鍵要素的資料屬性與結構進行分析，並對所有要素特別是採集要素的具體資料模型進行了建構，並研究了各要素資料結構快速建構方法與結構化定義方法。同時，基於資料模型研究了數位孿生總組裝工廠虛擬模型建構方法，對幾何模型、運動模型、控制模型等進行建模，實現模型的協同與融合，並研究了模型交互機制，最後結合資料模型和工廠規則庫等共同建構了工廠級的數位孿生虛擬模型。

在資料獲取與控制系統實現上，研究團隊針對衛星總裝過程資料多源異構且採集時機與頻率各不相同的特點，設計分散式的採集網路架構，研究了軟硬體結合的協議處理方法。同時，結合邊緣計算對每個工裝設備和工位元的資料進行處理，保證了整個工廠資料獲取與傳輸的順暢，並與上述建構的數位孿生衛星總組裝工廠模型進行關聯，實現了基於即時資料驅動的模型運動與更新以及部分總裝設備的控制。

在工廠整合管控系統搭建方面，系統整合了上述的虛擬模型、資料庫、採集系統以及部分設備（如 AGV、機械臂等）的控制系統，實現了對工廠各要素的資料即時採集與資訊管理、虛擬車間即時同步與狀態監控、工廠工裝設備安全即時控制、工廠工藝工單自動處理等功能。研究工作應用在某衛星研製單位衛星總裝數位化批量生產驗證線中，系統相關功能在具體總裝工藝工序中得到驗證，為未來進一步開展數位孿生衛星工廠工作奠定基礎。

(三) 實施成效

如果說數位孿生衛星是將數位孿生與衛星工程中關鍵環節、關鍵場景、關鍵物件緊密結合，重塑了衛星製造的全過程和全週期——從空間維度上，數位孿生衛星與試驗驗證平台、總組裝工廠、衛星產品、衛星網路等物件或場景即時映射，實現更優更快的模擬、監控、評估、預測、優化和控制；從時間維度上，數位孿生衛星與總體設計、詳細設計、生產製造、在軌管控、網路維運等環節真實同步，形成貫穿衛星工程全生命週期的模型執行緒、資料執行緒、服務執行緒，並進而輔助衛星工程各階段管控與協同。

那麼，數位孿生衛星總組裝工廠就是其中不可缺少的關鍵一環，為衛星生產製造過程的智慧高效運行提供了一種可行的技術方案。數位孿生衛星工廠基於數位孿生資料與模型建構了總組裝工廠管理與控制系統，實現了設備狀態即時監測、資訊管理、工位元視覺化監測、工藝控制等功能，是數位孿生工廠原型系統典型案例之一。

8.3 衛星副本確保網路安全

(一) 應用背景

當前，對空間系統——包括衛星、地面控制站和使用者終端，比如全球定位系統接收器的網路攻擊正吸引著敵對國家、犯罪集團、駭客和其他敵對勢力。對空間系統的網路攻擊能夠以低風險、低執行成本的方式造成資料破壞和操作中斷等嚴重後果。其中，構成空間系統的不同組成部分又具有各自的網路漏洞和弱點，尤其是地面段系統。

事實上，一些商業空間系統本就是以市場為導向而不是從網路安全的角度設計建造的，而傳統的以軍事防禦為目標的空間系統，又因為較慢的設計和開發過程也同樣帶來了網路漏洞。今天運行的空間系統可能需要整整 20 年的時間才能從方案設計到發射入軌，因此其缺乏識別或應對當今網路威脅的能力。空間系統變得日益網路化——惡意攻擊很容易從地面站的單一漏洞擴散到整個衛星星座。

空間系統的網路安全技術一直難以跟上網路攻擊手段的發展，因此，為應對網路攻擊的挑戰，在網路威脅面前保證空間系統的安全，確保使命和保護用戶，美國空軍提出了基於數位孿生技術來確保 GPS 衛星網路安全。數位孿生，就是一個虛擬鏡像模型，它建立一個與物理物件同步的數位物件。使用這種方法，各相關方可以在不同情況下測試一顆衛星，以查明它的脆弱性並制定相應保護措施，甚至在衛星實物製造之前也能夠進行測試。

(二) 案例特點

2016 年，美國「國防授權法」第 1647 條通過後，美國太空部隊開展了對空軍 GPS 導航衛星空間系統的漏洞測試。從基於模型的系統工程（model-based system engineering，MBSE）審查數千頁的設計文件開始，建立了一個 GPS IIR 衛星版本的數位副本，該版本的 GPS 衛星在 1987 至 2004 年間發射運行，最終的數位副本可以運行在一台筆記型電腦上。

據美國《空軍雜誌》報導，2020 年，美國空軍就使用了 GPS IIF 衛星的數位副本來檢測任何網路安全問題。該專案是為了回應國會的一項命令而開展的，目的就是測試 GPS 的網路漏洞，測試範圍包括衛星、地面控制站以及它們之間的射頻連接。

具體來看，博茲 · 艾倫 · 漢密爾頓（Booz Allen Hamilton BAH）公司創建了洛克希德 · 馬丁公司（Lockheed Martin）建造的 Block IIR GPS 衛星的「數位孿生」，並試圖入侵該系統，以進行滲透測試，並發現 GPS 的網路漏洞。此外，BAH 還對 GPS 衛星的通訊連結進行了「中間人」攻擊，以識別衛星與其地面控制站之間的潛在弱點。

可以說，數位孿生技術創建了一個靈活的網路測試平台，即一套可擴展的軟體應用程式，隨著對測試系統進行設計或修改，來演示和驗證網路漏洞和防護策略。這個測試平台也可以與外部的系統連接，來生成資料、提供戰爭推演支援或者進行作戰場景研究。

(三) 實施成效

隨著網路技術的快速迭代，未來的衛星將在更長的時間內遇到更極端的外部環境和更多的多點網路攻擊。為了應對這些挑戰，這些空間系統將需要越來越複雜的設計，由於這種複雜性產生的網路漏洞，會更容易受到網路攻擊的威脅。

數位孿生副本和基於模型的系統工程（MBSE）方法可以加強整個採辦和維護週期內系統安全性，實現系統開發需求和分析設計交易；為需求說明和系統展示創建測試場景；模擬對系統的威脅、異常和影響，同時不會對系統關鍵設施造成損壞；評估新威脅或作戰場景對在軌系統設計方案的影響。

實際上，創建實體副本的歷史可以追溯到過去的幾年，彼時，在產品或建築物的實際開發之前就已經製作了微型模型。實踐證明，該過程在開發過程的管理中非常有效。反過來，這又促進了 3D 建模、CAD / CAM 等不同技術的開發。從縮影到數位複製品，數位孿生可以說是人們在數位化努力中的最大成就之一。數位孿生為物理實施方案提供了數位實體，並有助於以一種精確的方式評估、開發、性能監控等過程。

當前，大公司已經在迅速部署該技術。預計在接下來的幾年中將見證大規模的採用。數位孿生技術可說明這些公司實現高達 25%的額外效率。它確保了組織的聯繫和創造力。數位孿生與物聯網一起，可以促進組織的自動化和數位化目標。它還透過提供即時資料指出偏離目標的情況。這些因素正在激勵大型組織的管理人員對該技術進行投資。物理世界與數位世界之間的互通性可能會促進工業 4.0 的擴展。感測器和人工智慧等週邊技術的發展有望推動工業革命。

8.4 下一代空中主宰計畫

(一) 應用背景

下一代空中主宰 - 次世代制空權（Next Generation Air Dominance，NGAD），是指美國空軍下一代戰鬥機專案。

2014 年，NGAD 正式提上日程，最初預期目標是在 2030 年前研製出 F-22 的後繼機型。2019 年 6 月，NGAD 專案發生重大顛覆性變化，空軍負責採辦的助理部長羅珀宣佈將重塑 NGAD，重點從提供 F-22 的繼任者轉變為創建一個環境，支撐新舊能力下的網路化部隊，能力中可能包括或不包括新飛機。這意謂著，NGAD 專案重點不再是開發一種新型飛機，而是利用能力在多個領域（包括空中，太空和網路空間）實現空中優勢。

與之呼應的是，2019 年 3 月份發佈的五年預算支出計畫將 NGAD 預算削減了一半，2024 財政年度前的支出從 132 億美元降至 66 億美元。此外，空軍領導人明確排除了未來 5 年對下一代戰鬥機的支出。並且，NGAD 預算將致力於開發新一代感測器和通訊連結以及開放系統計算架構。

在 NGAD 專案擬採用的新採辦策略下，由少數能力強大、地位穩固的國防工業巨頭長期把持的作戰飛機設計和製造「特權」及其冗長的研製週期和高昂的發展成本，都將讓位於新的開發模式：擅長利用數位工具的新興公司將效仿汽車工業，在通用底盤的基礎上開發出多個型號，再交給專精製造的工廠對其進行批量生產。這一新模式旨在顛覆美國傳統的航空航太工業，為 NGAD 專案提供支援。

羅珀以美國空軍 20 世紀 40 年代後期至 50 年代中期發展的「百系列」戰鬥機為例，闡述他所構想的策略。當時多家公司在短時間內快速推出了多種能力各有側重的戰鬥機，但隨著航空技術的發展，戰鬥機的設計日趨複雜，新型號的發展週期往往需要數十年之久，而且只有波音和洛馬這樣的巨頭才能勝任。

羅珀希望仿照汽車行業，分解設計和生產過程，引入更多公司參與競爭而防止一家獨大的局面。這也就意謂著，NGAD 專案的採辦策略由此將轉化為「數位化百系列」。「數位化百系列」將數位工程視為一種新興方法——依賴於快速數位工程，每隔幾年就可以推出一種新的飛機設計，然後批量生產。

即便羅珀對航空工業的未來願景，即分割單一型號飛機的設計與製造、改進和維護，招致了大量批評，但他的「數位化百系列」設想也得到了美國空軍參謀長在內的軍種高層的全力支援。

(二) 案例特點

數位工程是 NGAD 得以開展的技術核心。數位工程是一種整合的數位化方法，使用系統權威的模型和資料來源，以在壽命週期內可跨學科、跨領域連續傳遞的模型和資料，支撐系統從概念開發到報廢處置的所有活動。

過去，對飛行器進行物理特性建模一直存在挑戰，一是需要大量時間和資金，二是交戰模型和物理特性模型的計算時間相差很多，這都使得很少有總體方案能夠基於物理特性模型，實施廣泛的效能、成本和風險權衡分析。進行權衡分析的工程人員只能將單點設計交付到成本估算和任務效能分析人員，由於時間和資金的約束，兩者之間進行的迭代一般不多於兩次，而迭代結果往往是落在設計空間的邊界——最高風險和最高成本的設計。

而基於數位工程的航空裝備方案論證，重點是建構並利用交戰模型、物理特性模型、模擬器（真實 - 虛擬 - 構造，或 L-V-C）模型，生成經濟可承受的、交互操作的系統需求模型，建構經濟可承受的、可行的總體方案設計權衡空間，執行海量備選總體方案在效能、成本和風險上的權衡分析，得到最佳總體方案。

其中，重要的一點是形成「公共模型」，即一個物理上可行的、經濟可承受的、交互操作的和互依賴的裝備解決方案的跨領域模型。公共模型可以用簡明的代數格式或代理回應面來表達物理特性模型的輸出，直接接入交戰層級的模型。使用高性能計算，物理特性建模可在相對短的時間內覆蓋總體方案的整個設計空間，從而在可行性、任務效能和經濟可承受性之間進行權衡。公共模型還可以將輸出內容導入空軍 SIMAF（Simulation and Analysis Facility，模擬與分析設施）飛行模擬器，實施「真實 - 虛擬 - 構造」模擬，並且，SIMAF 中考慮物理行為可以實現對互通性的評價。

2019 年 10 月 2 日，羅珀宣佈，正式成立先進飛機專案執行辦公室（PEO），羅珀在聲明中指出，將透過該 PEO 尋求一種更快速、更低廉、更敏捷的持續創新解決方案，透過綜合運用模組化開放系統架構、敏捷軟體發展和數位工程的「三位一體」工具，對戰鬥機進行每四年一次的高頻率升級，實現「螺旋上升式」研發。

該 PEO 還將「把 NGAD 專案轉化為空軍的數位化百系列戰鬥機，加快先進戰鬥機的設計、研發、採辦和部署」。聲明同時強調，NGAD 專案雖然採用全數位設計與製造技術，但不會改變其追求的作戰技術。羅珀甚至希望 NGAD 專案所探索的快速迭代方案應用於 NGAD 專案中的無人機、導彈、指揮控制系統和空軍未來研發的軍用衛星等重要專案。

羅珀表示，數位工程帶來了高水準的擬真度，不僅僅是飛機的設計，就連裝配線也可以是數位化的，工程師可以在虛擬模型中進行優化，將裝配過程從需要多年培訓的技術人員更改為僅需要較低技能的人員。開放式系統架構整體融入設計之中，將使下一代戰鬥機進入螺旋上升式的快速發展軌道，而數位工具對於全壽命週期的仿真模擬則有助於降低維護保障成本。

(三) 實施成效

羅珀的目標是透過發展靈巧軟體、開放式架構以及數位工程，在其上整合所有現成的技術，給每一架飛機裝備上其所能容納的最好的技術，將 NGAD 專案中的新型戰鬥機平台發展週期壓縮至五年以內甚至更短。並且，同類型的飛機能夠針對性地發展機載鐳射武器、多工平台的多感測器資訊融合、資源分享的網路化通訊，以及人工智慧無人機控制等多種高新技術中的一種，以滿足特定需求。

2020 年 8 月，NGAD 專案的採辦策略制定完成，羅珀透露該檔案在空軍領導層內獲得了廣泛認可和接受。他並未公開專案成本和時間進度等資訊，但表示該策略涉及一些假設和權衡，主要圍繞通用性、數位工程可能出現的節點，以及在平台上螺旋上升式應用新技術。最大的權衡是「與退役這些飛機相比，怎樣才能盡可能快速地對不同批次的飛機進行螺旋升級」，目前獲得的一個重要發現就是，「這些飛機在服役 15 年後需要（我們）付出不成比例的維護保障成本」。

2020 年 9 月 15 日，羅珀在空軍協會空天網年會線上會議宣佈，「NGAD 專案的全尺寸驗證機已開始試飛，同時「打破了一系列紀錄」。羅珀並未透露飛行、能力或採辦策略相關的細節，但表示全尺寸演示驗證機的試飛是證明使用數位工程技術能夠開發全新、尖端的作戰飛機的關鍵一步。此外，羅珀還證實，NGAD 專案的多個任務系統也正在隨演示驗證機進行試飛，進展順利。

目前，包括波音公司在內的部分航空航太工業企業已開始採用類似策略，其 T-7A 高級教練機就沿襲了汽車公司廣泛採用的基於模型的系統工程方法，該公司還根據汽車製造原理對 B777 等商用飛機生產線進行了改造，例如透過確定性裝配方案減少對硬質模具的需求。

Note

Chapter 09

數位孿生＋智慧戰爭

9.1 現代戰爭之數位化升級

武器的更迭是現代科技進步的重要標誌。在冷兵器和熱兵器時代，基於力學能和化學能的冶金和火藥延伸了人們的手足，支撐著人們對於制路權的爭奪；機械動力的出現，擴展了戰爭的廣度，也讓戰域從二維平面擴展到三維空間。當前，得益於數位技術的發展，新型武器頻現，正在推動整個戰爭模式的改變。其中，數位孿生體作為最重要的數位技術之一，在軍事戰爭方面發揮著重要的作用。

戰略、戰術和戰役

從歷史經驗看，軍事歷來都是最新技術的發展者和應用者。

早在 2011 年 3 月，美國空軍研究實驗室（AFRL）的一次演講中就明確提到了數位孿生，期望在未來飛行器中利用數位孿生實現狀態監測、壽命預測與健康管理等功能。2012 年，美國空軍與 NASA 合作召開了數位孿生體技術研討會，並在 2013 年發佈的《全球地平線》頂層科技規劃檔案中，將數位孿生和數位線索視為「改變規則」的顛覆性機遇。2018 年 6 月，美國國防部於公佈了《數位工程戰略》，透過整合先進計算、大數據分析、人工智慧、自主系統和機器人技術來改進工程實踐，在虛擬環境中建構原型進行實驗和測試。

具體來看，軍事戰爭從上到下可以分為戰略、戰術、戰役三個層次，而不論是戰略層面、戰術層面，還是戰役層面，數位孿生都發揮著重要作用。

在戰略決策層面，就世界範圍內來講，當前的戰略決策還多由智囊團運用頭腦風暴和人工推演的方式完成，如美國空軍戰略 2020-2030、美國空軍 2025 等就是這樣的產物。實際上，因目前技術所限，人類社會的數位孿生體尚不可能完整建立。戰略決策所考慮的諸多要素基本還處在粗略的數值研究階段，當然這個粗略的數值分析模型也可以認為是數位孿生體的基礎和基本體現。並且，在可預期的未來裡，戰略層面的數位孿生還將以基礎技術研究為主，但也有可能出現某個特定應用領域的、基於數值模型的數位孿生系統，用於推演和評估未來的態勢。

戰術，即指導和進行戰鬥的方法，與戰略不同，戰略針對宏觀問題，是高瞻遠矚而制定的，是指導和運用戰術的。戰術針對具體的微觀問題，戰術必須是具體地針對個別情況而制定的，具有豐富的變化和迅速的反應這兩個重要的特點。當前，戰術層面的數位孿生體可以說已基本實現，人們最熟悉也最為典型就是 CS 遊戲和飛機訓練模擬器，其背後支撐軟體皆由基本的戰場環境數位孿生、單兵作戰裝備的數位孿生體、作戰效果的評傳等部分組成。由於這些遊戲已經與真實戰場場景相似，因此也在軍事訓練中也得到了部分應用。軍事裝備模擬器已經與真實裝備非常相近，所以已經成為不可或缺的軍事裝備。

戰役層面的數位孿生包括戰場環境、作戰裝備、作戰人員、支援裝備等應用。作為數位孿生體在戰爭中的應用，戰役層面的數位孿生是最有價值，也是最具有前景的。當前可以見到的數位孿生體應用也多集中於這個層次，比如，用於解決軍事裝備的維修和壽命預測，或者，用於解決當前備站與未來作戰任務的研究等等。未來，透過戰役數位孿生體為基礎的軍事體系對抗平台來實現模擬推演，甚至有可能進行完全的數位孿生戰爭。

實際上，這種場景已經在科幻小説與電影中出現，在電影《安德的遊戲》中，人類在遭受了一場來自蟲族的毀滅性攻擊後，花費數年時間培養出新一代天才，並將其訓練成戰士以抵禦蟲族的再次攻擊。其中，訓練新一代天才的方式，就可以被理解為是基於數位孿生的模擬戰爭，使得地球上最出色、最聰明的年輕人被挑選加入建立在軌道空間站上的戰鬥學校，相互競爭，為成為國際艦隊的指揮官而努力。不僅如此，基於數位孿生的戰爭，還可以讓指揮官遠離戰場，透過面前的數位孿生體來完成戰役指揮任務，從而達成戰役目標。這也是數位孿生戰場的一個典型範式。

數位孿生上戰場

如前所述，在軍事領域，數位孿生技術在戰役上的應用是最有價值的場景，而數位孿生戰役中，戰場又是數位孿生應用更為具體的表現。

從字面來理解，數位孿生戰場就是數位化戰場的進階階段。傳統數位化戰場建設內容一般包括：戰場環境、偵察預警、資訊傳輸、指揮控制、後勤保障、數位化部隊等多方面，是資訊化戰爭形態下數位技術發展的必然產物。而數位孿生戰場的建設內容則應包括所有戰爭要素，即自然環境、人造環境、戰場裝備、資訊物理環境、作戰力量等，甚至包括指揮藝術、社會文化、政治經濟等抽象要素，最終衍生出未來智慧化戰場的完全數位化形態。

當前，現代戰爭正在向智慧化和體系化方向發展，智慧攻擊、兵力和火力體系突擊、泛在監視等新威脅對戰場物理空間生存與保障構成嚴峻挑戰。在這樣的背景下，數位孿生戰場描繪了一種綜合了感知控制技術、人工智慧技術、建模模擬技術、資料融合技術於一體的智慧化戰場目標願景，其本質是一個戰場建設資料閉環賦能體系。

具體來看，數位孿生戰場的建設目標是實現戰場的「六化發展」，即戰場保障要素數位化和虛擬化、戰場狀態監測網路化和即時化、戰場管理決策協同化和智慧化。

戰場保障要素數位化和虛擬化要求以工程設施、大型裝備、作戰環境等戰場保障要素為核心，為戰場建設規劃和戰場資訊化保障建立數位化模型和虛擬化資源服務；

戰場狀態監測網路化和即時化要求以戰場狀態資訊監測為核心，融合資訊採集技術、有線和無線通訊技術、物聯網技術等形成全域泛在、安全高效的戰場感知網路，即時獲取並傳輸動態的戰場裝備與設施運行、戰場環境狀態、戰場態勢情報等海量資訊；

戰場管理決策協同化和智慧化是指以戰場管理決策為核心，實現戰場規劃建設與戰場作戰保障相協同，作戰指揮資訊系統 C^4ISR 平台與戰場大數據、雲端運算、物聯網等資訊化平台相協同，並透過整合邊緣計算、資料採擷、機器學習、區塊鏈等智慧化演算法，實現有人干預與無人自主相協同的智慧化戰場管理決策能力。

數位孿生戰場的建設物件主要包括「虛擬物件」「實體物件」和「應用服務」等 3 個方面。虛擬物件建設是指涵蓋戰略、戰役、戰術、技術等多個戰爭層級的戰場數位孿生多胞體虛擬模型建設，實現將戰場物理實體從多維度、多視角映射到不同的虛擬空間。以戰場設施建設為例，應包含體系規劃論證、詳細設計、試驗鑒定、建設管理、維護管理、作戰運用、退役報廢等全生命週期的三維視景模型、多尺度地理資訊模型和功能模擬模型。

實體物件建設是指對戰場資訊感知終端、資訊傳輸網路、資料計算儲存資源開展的數位孿生基礎設施建設，實現數據資訊的邊緣感知、網路傳輸和雲端處理。以戰場設施建設為例，應包含嵌入式設施內部環境感測器與內部設備維運監控終端、有線網路與無線基站、固定或移動式戰場資料中心等。

應用服務建設是指建構覆蓋戰場建設全流程和戰場作戰運用全要素的數位孿生戰場應用服務體系，實現對虛擬物件和實體物件的資源整合、對作戰決策的智慧引導、對作戰火力鏈的迭代優化。以戰場設施建設為例，應針對規劃論證、施工管理、環境評價、技術論證、作戰運用等諸多戰場設施應用需求，將數值計算、系統模擬、效能評估、智慧識別、優化與預測等傳統方法與各類戰場設施數位孿生結合，創新研發靈活可重用的，面向戰場管理部門、戰場建設部門、科研技術單位和各級作戰部隊的應用服務系統。

可以説，數位孿生戰場透過資料全域標識、狀態精準感知、資訊即時獲取、模型分析決策、動作監控執行、服務軟體定義，建立戰場虛擬鏡像模型與戰場實體的映射關係和即時資訊交互，對戰場實體進行模擬、監控、診斷、預測和控制，解決戰場實體在規劃、設計、建設、使用、管理全生命週期中的優化問題，支撐作戰行動的智權主導、敏捷高效、精準有序、彈性強韌、可測可預。

在數位孿生戰場基礎建設方面，美軍先後研發了戰場資訊採集「智慧微塵」系統、戰場環境遠端監視「倫巴斯」系統、武器平台運動偵聽

「沙地直線」系統、電磁訊號偵收「狼群」系統等一系列傳感系統，把指揮控制系統、戰略預警系統、戰場傳感系統，戰備執勤監控系統、裝備物資管理視覺化系統等資源整合起來，建構集中統一的戰場傳感網路體系，實現戰場實體基礎設施與資訊基礎設施互連互融互通的目標。

正如恩格斯所說：「一旦技術上的進步可以用於軍事目的並且已經用於軍事目的，它們便立即幾乎強制地，而且往往是違反指揮官的意志而引起作戰方式上的改變甚至變革。」數位孿生進入軍事戰爭已經是不爭的事實，而這還將對戰場建設產生深遠的影響。

9.2 戰場感知，數據互連

(一) 應用背景

戰場是軍隊作戰的空間，是敵對雙方的軍事思想、戰略方針、作戰意圖、作戰編成、作戰形式和作戰手段等在一定時間、空間集中表現和較量的場所，戰場是雙方一切作戰行動的客觀基礎和制約因素，也是軍隊和武器裝備的載荷體，因此，對於軍隊而言，理解、預測、適應和利用戰場，對戰場進行感知來保持並增強其競爭優勢就顯得非常重要。

可以說，戰場感知系統在作戰體系中發揮類似「眼睛、耳朵」的重要作用，在海灣戰爭、科索沃戰爭和伊拉克戰爭中，美軍的地面、水下感測器經常會受到對手人為的干擾破壞，甚至由於接收對方刻意誤導的資訊造成判斷失誤。因此，敵對雙方針對戰場感知系統的攻擊和防護成為現代戰爭的重要任務之一，戰場感知系統的生存能力面臨嚴峻考驗。

加快推進戰場感知系統建設，美軍先後開展了收集戰場資訊的「智慧微塵」系統、遠端監視戰場環境的「倫巴斯」系統、偵聽武器平台運動的「沙地直線」、專門偵收電磁訊號的「狼群」系統等一系列傳感系統的研究與應用，把指揮控制系統、戰略預警系統、戰場傳感系統、戰備執勤監控系統、裝備物資管理視覺化系統等資源整合起來，建構集中統一的戰場傳感網路體系，實現戰場實體基礎設施與資訊基礎設施互連互融互通的目標。

要知道，在軍事領域所獲得的資料，尤其是敵方資料一定是不充分、甚至不可信的。因此，資料的準確性和可信度高度依賴於戰場的感知能力。戰場感知系統下提供的充分、準確、及時的資訊資料是數位孿生實現與運作的基石，這又使得數位孿生逐漸建立和完善的同時，進一步為戰場感知提供指導。

(二) 案例特點

一方面，美軍的戰場感知網路體系，綜合感測器技術、嵌入式計算技術、智慧組網技術、無線通訊技術、分散式資訊處理技術等，主要由各種感測器以及感測器閘道構成，具有全維感知戰場的核心能力，能夠透過各類整合化的微型感測器的協作，即時採集戰場環境或監測物件的數據資訊。

另一方面，美軍的戰場感知網路體系涵蓋感測器、彈藥、武器、車輛、機器人以及作戰人員可穿戴設備等，可以選擇性地收集處理資訊、協作執行防禦行動和對敵人實施各種效應等。目前，美軍已經在全球範圍部署了超過數萬台無線射頻識別技術設備，戰時運用這些先進技術裝備，可以實現戰場全維全程可視、作戰平台互融互連互通。

美國國防部高級研究計畫局已研製出低成本的自動地面感測器，這些感測器可以迅速散佈在戰場上，並與裝配在衛星、飛機、艦艇、戰車上的所有感測器有機融合，透過情報、監視和偵察資訊的分散式獲取，形成全方位、全頻譜、全時域的多維戰場偵察監視預警體系。

此外，美國國防部高級研究計畫局還推出了全新的感測器網路，旨在透過小型、低成本的智慧漂浮感測器，搭建起分散式傳感的「海上物聯網」，每一個智慧漂浮感測器都可收集艦船、飛機和海洋生物在該海域活動的狀態資訊，透過衛星網路進行雲端儲存和即時分析。

目前，美國陸軍在戰場上部署了大量的自主感測器或是能獲取並分析必要數據資訊的機器人部件，透過自我感知、持續學習，實現上述設備與網路、人類和戰場環境的相互作用，以彌補美陸軍在戰場感測器網路領域面臨的技術不足。透過建構陸、海、空、天、電多維一體的戰場感知網路，形成集中統一的架構體系，美軍已實現全域覆蓋、多元融合、即時處理和資訊共用，達到對整個戰場及作戰的全過程「透徹感知」「透明掌控」。

(三) 實施成效

圍繞戰場態勢感知、智慧分析判斷和行動程序控制等環節，戰場感知系統得以實現全方位、全時域、全頻譜的有效運行，從而破除「戰爭迷霧」，全面提升基於資訊系統的體系作戰能力。比如，美軍開發的「智慧微塵」，體積雖只有沙礫大小，但具備從資訊收集、處理到發送的全部功能。這將給資訊獲取帶來新的革命：一方面可以消滅偵察盲區，實現戰場「無縫隙」感知，提高戰場透明度；另一方面，軍事物聯網能把戰場上的所有人員、武器裝備和保障物資都納入網路之中，處於網路節點上的任一感測器，均可與設在衛星、飛機上的各種偵察監視系統相連接，獲取本身不具備的對目標的空間定位能力，從而實現感知即被定位。

戰場感知系統建立起戰場「從感測器到射手」的自動感知→資料傳輸→指揮決策→火力控制的全要素、全過程綜合資訊鏈，實現對敵方兵力部署、武器裝備配置、運動狀態的偵察和作戰地形、防衛設施等環境的勘察，對己方陣地防護和部隊動態等戰場資訊的精確感知，以及對大型武器平台、各種兵力兵器的聯合協同等，實施全面、精確、有效的控制。在未來資訊化戰場上，戰場感知系統還將為資訊獲取與處理提供嶄新的手段。

9.3 分散式作戰之 Link16 資料鏈

(一) 應用背景

受到網際網路的分散式通訊的啟發，現代分散式作戰概念逐漸成為現實。2016 年，美國海軍水面戰系統辦公室等針對大國競爭的趨勢，認為美國海軍難以有非對稱的優勢，因此，應該建構一套新的作戰概念，至此，分散式作戰成為可以實際應用的方法。

與此前美國海軍以航母為核心的兵力投送集中指揮作戰模式不同，分散式作戰側重於發揮小型作戰單元在作戰中的作用，旨在強化個體防空、反艦、反潛能力，使所有作戰單元均具備獨立作戰能力，具有作戰單元進攻能力強、力量部署區域分散以及複合資源支援艦艇戰鬥的特點。

從作戰單元進攻能力強來看，分散式作戰在傳統戰場職能基礎上，強化各類艦艇的作戰屬性，從驅逐艦到瀕海戰鬥艦，從後勤補給艦到兩栖登陸艦，讓各平台和單位都配備一定的殺傷載荷，形成可以獨當一面的戰鬥力，起到牽制火力的作用。

對於力量部署區域分散化來說，分散式作戰將作戰力量廣泛分佈在不同的作戰區域，迫使對手同時應對大量的目標，面臨來自不同地理空間的進攻，將火力分散部署在更大數量、戰略價值較低的艦船上，有助於保存自身實力，增強戰略縱深的同時降低誤判的風險。

此外，分散式作戰還強化了艦艇獨立和聯合防禦能力，透過新的網路和戰術，輔助其更好地應對來自空中、水面和水下等多域攻擊，要求即便是在有戰鬥損失和指揮控制連結遭到破壞的環條件下，也要能夠執行戰鬥任務。

當前，從分散式作戰的實質來看，要實現分散式作戰還需要完成兩個突破：一是武器裝備要實現資料共用，否則根本實現不了這麼快速的資料交換；二是戰場資料的全景式呈現，這可以透過戰術數位資訊資料鏈（TADIL，Tactical Digital Information Link，簡稱為 Link16）來實現，儘管目前這種類型的資料還不夠豐富，但這可以作為數位孿生戰場的起點來滿足分散式作戰，從美國海軍 2021 年舉辦的「無人綜合作戰問題 21」演習就充分利用了 Link16 的資料傳輸能力。

(二) 案例特點

2021 年 4 月 19 日～ 26 日，美海軍舉行「無人一體化戰鬥問題 21」（UxS IBP 21）演習。UxS IBP 21 演習以可操作的無人系統為特色，透過 Link16 資料鏈進行資料傳輸，以產生戰鬥優勢。

可操作的無人系統方面包括 MQ-9 海洋衛士無人飛行器、中排量無人水面艦艇「海獵人」和「海鷹」，以及帶有模組化有效載荷的中小型無人船等。

其中，無人 MQ-9B 海洋衛士與導彈巡洋艦配合使用，執行遠端超視距目標。海洋守護者使用音標浮標和其他資產，識別了連絡人並向巡洋艦上的指揮官遠端報告了位置。ADARO 的小型無人艇則是在小型企業創新研究（SBIR）計畫下開發的，長約三英尺，可以協助特種操作員，爆炸物處理技術人員或海軍陸戰隊使用。在 UxS IBP 21 中，UxS IBP 21 將有人值守和無人值守能力整合到具有挑戰性的作戰方案中，ADARO 無人系統與海軍最新的獨立變型沿海戰鬥艦奧克蘭號（LCS 24）進行了互動。

但不論是無人 MQ-9B 海洋衛士與導彈巡洋艦配合使用，還是 ADARO 無人系統與獨立變型沿海戰鬥艦奧克蘭號（LCS 24）的互動，都離不開 Link16 資料鏈的資料傳輸。簡單來說，資料鏈就是用於傳輸機器可讀的戰術數位資訊的標準通訊連結。用於戰爭的戰術資料鏈，則透過單一網路架構和多種通訊媒體將兩個或多個指揮和控制或武器系統聯繫在一起，從而進行戰術資訊的交換。當前資料鏈的特點是具有標準化的報文格式和傳輸特性。戰術資料鏈除了可用於向飛機、艦艇編隊或地面控制月臺等戰術單位間、小範圍區域內的資料交換、資料傳送外，也可透過飛機、衛星或地面中繼站用於大範圍的戰區，甚至是戰略級的國家指揮當局與整體武裝力量間的資料傳輸。

Link-16 在功能上是 Link-4A 及 Link-11 的總和，Link-4 資料鏈是用於向戰鬥機傳送無線電引導指令的非保密 UHF 資料鏈，Link-4 的設計初衷是用於取代控制戰術飛機時的話音通訊，在裝備之初它只能進行單向傳輸。之後經不斷改進，它由最初單向的 Link-4 發展成為了支援雙向傳輸的 Link-4A 和 Link-4C，功能也擴展到可支援地 / 海平台與空中平台進行數位資料通訊，因而成為北約海軍實施地 / 海對空引導的重要戰術資料鏈。

Link-11 是美軍和北約普遍裝備的一種 HF/UHF 戰術資料鏈，它是海軍艦艇之間、艦 - 地之間、空 - 艦之間和空 - 地之間實現戰術數位資訊交換的重要戰術資料鏈。其研發始於 20 世紀 60 年代，並於 70 年代開始服役。

基於多軍兵種戰術作戰單元的資訊交換的需求，Link-16 得以被設計出來，支援通訊、導航和識別等多種功能，具有大容量、抗干擾、保密能力強的特點，滿足偵察資料、電子戰資料、任務執行、武器分配和控制等資料的即時交換。

Link-16 是 UxS IBP21 演習的基本配置，是各型主戰平台實施資訊化作戰、形成體系作戰能力的重要支撐，可以近即時地提供一系列作戰資訊，所顯示的資訊包括：具有友軍和敵軍飛機位置的綜合航空圖像、一般戰場態勢感知資料以及空中和地面目標（包括防空威脅）的放大數據，大幅增強戰場的感知能力，以可以高效地接近指定目標或避免威脅，提高作戰任務效率並減少誤傷等不必要的消耗。

(三) 實施成效

上個世紀 50 年代，蘇聯的反艦巡航導彈進行實戰部署之後，海上分散式作戰就成為較為現實的選擇。美國海軍對此做了兩個方面的轉變：一是改變傳統的高炮為主的防空手段，轉為防空導彈為主的方法；二是發展戰術數位資訊資料鏈，目前主要採用 Link16 的資料鏈技術。

Link16 資料鏈技術實現了戰場雷達資料共用，這在作戰的時候具有實際的價值。使得戰爭在跨域協同趨勢下，無人機能夠抵近評估打擊效果和準確度，為火力校射和後續打擊行動及戰術提供資訊支撐，同時提升指揮系統生存力。更進一步，如果建立了數位孿生戰場體系，採用類似雲端運算的虛擬化方法，讓各個作戰單元可以獲得各種作戰資源，那麼未來戰場將發生天翻地覆的變化，這迫使作戰雙方或多方及時獲得數位孿生戰場能力。

9.4 模擬、整合和建模框架 AFSIM

(一) 應用背景

上個世紀 80 年代，美國國防部高級研究計畫局（DARPA）開發了 SIMNET 模擬器，其目的就是為了實現兵棋推演，並且建立一套分散式的模擬「網際網路」，儘管 SIMNET 模擬器在初期美國陸軍對基於模擬的訓練需求，但隨著聯合作戰的需求呈現出來，過於細緻的工程實現成為了障礙，以至於 SIMNET 模擬器並未達到理想的狀況。

基於此，美國空軍研究實驗室（AFRL）又進一步推出了 AFSIM 平台，其中，AFSIM 名稱中的「AF」不代表空軍，而是反映了 AFRL 的信念，即 AFSIM 不應只是空軍的內部工具，而應是整個國防建模仿真社群廣泛使用的通用框架。這種命名選擇也意謂著 AFSIM 不僅僅是一個模擬飛機的框架。

AFSIM 被設計為一個多域平台，這意謂著它可以對陸基、海基、空基和天基平台進行建模，使建模者能夠包括潛艇、海軍艦艇、坦克、飛機、直升機、衛星，甚至網路如果需要，代理在同一模擬中。

具體來看，AFSIM 最初來自波音公司的 Analytic Framework for Network -Enabled Systems（AFNES）軟體，使用 C++ 開發。作為一個蒙特卡羅模擬工具，AFSIM 可以獨立運行並產生分析結果，也可以即時地支援人在回路（OITL）實驗和作戰模擬（Wargming）。

AFSIM 包括一組軟體元件，用於創建各種分析應用程式。其中，AFSIM Infrastructure 包括用於模擬的頂層控制和管理、模擬時問和事件的管理、地形資料庫管理、通用工具和模擬介面，例如支援 Distributed Interactive Simulation（DIS）協定的介面。AFSIM Components 包含實體（武器平台）的定義以建構場景。這些軟體常式包含模型，包括各種使用者定義的載具，感測器，武器，用於定義系統行為和資訊流的處理器，通訊和軌道管理。

AFSIM 的頂層功能包括：模擬物件的類層次結構，包括資料驅動的武器平台，載具，感測器，通訊，網路，處理器，武器和模擬觀察者；模擬和事件類，用於控制時間和 / 或基於 AFSIM 的模型的事件，以及實體資料的日誌類；地理座標系統的標準數學庫；常見的地理空間環境和地形表示形式，導入標準格式；通訊網路建模，包括基本無線電收發器和通訊系統的進階演算法；電子戰建模，包括雜訊和欺騙性的干擾技術；網路中心戰 Network Centric Operation（NCO）概念中人與系統之間資訊流和任務的建模等等。

(二) 案例特點

AFSIM 涵蓋廣泛的軍事模擬，包括透過分析兵棋推演和實驗進行的工程、交戰、任務和「輕度戰役」級別。工程級別包括與其他子系統的短期子系統交互。交戰級別包括兩個實體或平台之間的簡短交流。另一個複雜級別則是任務級別，比如模擬，這些模擬可以包含多達數千個實體。

AFSIM 使其用戶能夠將場景縮放到適當的模擬級別，以最好地研究感興趣的專案。每個後續級別邏輯上都建立在較低級別上，以創建更複雜的模擬，以便識別在更簡單的模擬中可能不明顯的系統間緊急屬性。比如，消耗彈藥和燃料儲備的戰鬥效果在交戰或任務級別可能不明顯，但在戰役級別模擬中完全改變了遊戲規則。AFSIM 模擬的大小和複雜性的限制因素則是主機平台的儲存、記憶體和計算能力，以及運行模擬所需的相關掛鐘時間。

同時，AFSIM 允許用戶透過調整與平台相關的各種參數和行為，在處理時間和輸出保真度之間設置所需的平衡。

為了實現上述平台類型、保真度、模擬類型的靈活性，AFSIM 使用四個架構元素——屬性、元素、元件和連接——來描述模擬中的每個平台。

其中，屬性包括標準資料，如平台名稱、類型和從屬關係。該子元素可以擴展為包括任務獨特的資訊，比如雷達、光學和紅外線特徵資料，以確定飛機容易被敵方感測器檢測到的脆弱性。

資訊包含駐留在平台上的資料，以及有關接收這些資料的人如何感知這些資料的詳細資訊。對於飛機，這將包括將顯示給飛行員的資料類型（即高度、速度、航向、雷達指示等），以及驅動這些顯示的無數原始資料。

模組由各種模型組成，這些模型直接控制平台的行為方式。這些模型描述了平台如何在時空中移動、感知周圍環境、處理它收集的資訊、與其他平台通訊、使用其動能和非動能武器庫對抗對手平台，以及執行各種其他任務。

最後，連接元素協調平台上各個子系統之間的資料交換，以及與其他平台的通訊。與其他平台通訊，並使用其動能和非動能武器庫對抗敵方平台，並執行各種其他任務。最後，連接元素協調平台上各個子系統之間的資料交換，以及與其他平台的通訊。

此外，AFSIM 還可以連結到其他模擬或其他模擬器 / 模擬器，以提供真正的即時 - 虛擬 - 構造的模擬功能。使用分散式交互模擬（DIS）或其他支援的通訊協定，AFSIM 可以與其他模擬或即時實驗交互，以提供額外的實體（虛擬和建設性）、系統和子系統模型、威脅系統或其他潛在的模擬能力。這使 AFSIM 能夠透過附加功能來增強和 / 或補充更大的模擬或實驗環境，根據需要最好地實現任何給定的測試和分析目標。

(三) 實施成效

AFSIM 的主要用例之一，就是作為技術成熟的模擬平台。在過去幾年中，AFRL 在使用 AFSIM 作為成熟的飛行器自主性測試平台方面進行了大量投資。利用 AFSIM 作為自主模擬測試平台，為基礎和應用研究以及進階應用的自主演算法的開發、成熟和測試創造了一個單一、統一的環境。

迄今為止，AFRL 已將 AFSIM 授權給超過 275 個政府、行業和學術組織，並為 1200 多個用戶提供了培訓。使用 AFSIM 作為加速飛行器自主開發的虛擬測試平台已被證明非常有效，以至於一些政府機構和行業合作夥伴也將其用於類似的努力，包括國防高級研究計畫局、約翰霍普金斯大學應用物理實驗室、佐治亞理工學院。

AFRL 還與空軍生命週期管理中心（AFLCMC）和空軍作戰整合中心（AFWIC）合作，使 AFSIM 成為分析未來武器系統概念的備選方案的首選工具。此外，AFWIC 已將 AFSIM 納入其能力發展指南。AFRL 還向其行業合作夥伴表示，AFSIM 將成為其用於評估其提案的關鍵工具。

9.5 從神盾到虛擬神盾

(一) 應用背景

數位孿生技術在武器裝備領域的推廣應用具有廣闊前景。而武器裝備的緊急研製、快速生產和維護維修，更是打贏戰爭、奪取勝利的重要條件。

數位孿生可使武器在虛擬空間建立數位模型，將設計一樣品製造一測試一模具修改一樣品再製造為一週期的傳統研發模式，變為建立數位模型一分析測試一修改資訊模型一定型生產為一週期的虛擬研發模式。顯而易見，在虛擬研發模式中，數位模型修改不涉及實體樣品，修改時間短、成本低，透過調整參數，即可實現不同型號產品快速、靈活的轉換，必將大幅縮短新型裝備的研製、定型時間。特別是對於個性化、小批量的特殊裝備研發，其優勢將更加明顯。

此外，一般來說，武器裝備性能越先進，維修維護難度越大。依託數位孿生技術，可有望解決這一問題。具體做法是：裝備交付使用前，在虛擬空間建立裝備數位模型，獲取、儲存裝備相關資訊。裝備使用過程中，透過傳感設備，不斷將運行資料發給維護維修人員，透過數位模型與物理實體的持續資訊交互，實現對裝備狀態的即時監測。

基於此，洛克希德·馬丁公司已經為神盾戰鬥系統（Aegis combat system，宙斯盾作戰系統）開發了「數位孿生」的數位副本。並且，美國海軍已經開始在艦上虛擬實驗室（VLOS）中使用數位孿生技術，並在 DDG 94「尼采號」、DDG 82「拉森號」驅逐艦上進行了演示，以評估在作戰環境中對抗潛艇和武器的傳感能力。

(二) 案例特點

神盾系統是美國海軍多年發展的海上防空反艦綜合作戰系統，其初衷是應對來自蘇聯海軍的飽和式反艦攻擊，其主力核心硬體是附著於艦島四周的相控陣雷達。相控陣雷達不同於傳統的機械式旋轉雷達，相控陣透過移相器來改變發射波束的角度，能做到比傳統機械式旋轉雷達更快的反應速度，同時便於大規模鋪設。藉助於新一代軍用資料匯流排，相控陣雷達的捕獲資料能以更快的方式透過神盾系統進行過濾、分析、決策，便於海軍指揮官在戰時做成快速應對。

美國海軍在於 1983 年首次在提康得羅加級導彈巡洋艦上部署神盾系統，經過近 30 年的發展已經到了第 9 代，第 10 代將於 2023 年具備初始戰鬥能力。當然，神盾系統每次的硬體更新都是謹小慎微的，因為，一旦更新，所有的硬體軟體都得進行測試。「神盾」作戰系統每四年才會進行一次重大更新，升級週期較長。而且美軍的採辦流程也不利於「神盾」作戰系統能力的快速部署。

按照現行規定，「神盾」系統的升級包需要先在陸上實驗室進行先期測試，等成熟度達到要求後，轉入研發測試 / 作戰測試，然後等待戰艦進入休航期，再實際部署到戰艦上，隨艦到實戰環境或靶場檢驗。等戰艦返航後，研發團隊獲得測試資料，再進行修改、認證以及下一輪測試，直到透過檢驗、驗證和認證後部署。這個流程要花 18 至 24 個月，然後再等戰艦進入休航期部署，錯過此次升級的戰艦要等到下個週期升級，平均 6 ～ 9 年，嚴重制約了「神盾」作戰系統能力的部署速度。

對於此，基於數位孿生的「虛擬神盾」得以被設計出來，其核心就是將升級軟體直接執行於虛擬硬體上，這些虛擬硬體是以真實部署於軍艦上的硬體設備作為藍本，以軟體的方式來模擬這些硬體運行。雖然最終還是需要以實際硬體做測試，但虛擬神盾大幅節省了實際測試中可能發生的問題所需要排查的時間，在真機測試之前可以進行大量的軟體測試，待全部運行穩定後再進行真機硬體測試。2006 年虛擬神盾先驗概念專案首次進行論證，2009 年正式轉入研究，2018 年中旬美國海軍海上系統司令部下屬的「神盾」一體化作戰系統專案辦公室透露虛擬神盾已完成在阿利伯克級神盾驅逐艦的上艦測試。

(三) 實施成效

2019 年 3 月，美國海軍使用「虛擬神盾」系統成功進行首次實彈攔截試驗，成為數位孿生應用的里程碑事件。「虛擬神盾」系統虛擬了部分「神盾」系統的核心硬體，包含了「神盾」作戰系統基線 9 的全部代碼，可執行全部的作戰系統功能，並可直接隨艦部署，參與演習。

在不影響被測艦艇實際作戰系統情況下，利用自動測試與重測試（ATRT）設備透過特殊協定從本艦獲取實戰資料，對作戰軟體進行現場測試和評估，並在作戰軟體透過校核、驗證與確認（VV&A）流程後，即時線上更新到戰艦上，無需等待 18 至 24 個月來重新編碼、重新測試和再次認證等，從而打破軟硬體耦合的傳統研製模式，大幅縮短「神盾」系統新能力的升級和部署週期，降低總成本。

在演習結束後，虛擬神盾還可利用 ATRT 設備進行重測試，模擬許多無法在實戰和演習中進行的場景，更全面地測試作戰系統軟體功能，提高軟體研發品質；並可利用演算法與程式的改進，為「神盾」延壽升級，促進其戰力顯著提升。

Note

Chapter 10

數位孿生 + 航太航空

10.1 數位孿生「智」造航太航空

自 2002 年密西根大學麥可·葛瑞夫教授首次提出數位孿生概念，2013 年美空軍《全球地平線》中將數位孿生視為「改變遊戲規則」的顛覆性機遇以來，數位孿生技術就在國防裝備製造領域得到了廣泛的應用，而航空航太作為國防工業的重要組成，其數位孿生技術的研發與應用則更加引人關注。

從航太緣起數位孿生

追根溯源，數位孿生在航空航太的應用，也正式打開了數位孿生發展的大門。美國阿波羅任務時代，數位孿生被用以建造一個與實際飛行飛船 1:1 的地面飛船，在地面的飛船中進行實際飛行經歷的「所有」操作，以此來反映實際飛行中的飛船的狀態，並為飛船的維護提供參考。

具體來看，在阿波羅專案中，研發人員製作出了兩個完全相同的空間飛行器，其中的一個空間飛行器被用於執行任務；另一個空間飛行器留在地球上，被稱為孿生體，用於反應執行任務的空間飛行器的狀況。在任務執行之前，研發人員對兩個空間飛行器中的孿生體進行訓練；而到了執行任務的時候，使用孿生體對執行任務的空間飛行器進行較為精確的模擬實驗，從而可以藉助孿生體反映空間飛行器在執行任務時的的狀態，並且可以對正在執行任務的空間飛行器進行狀態預測，從而為正在執行任務的太空人提供可借鑒的決策。

這種方式也可以被稱為物理伴飛，而這也正是數位孿生在航空航太最初的應用。由此可見，實體物件的孿生體與實體物件具有相同的幾何形狀和尺寸；實體物件的孿生體與實體物件具有相同的結構組成及其宏觀微觀物理特性；實體物件的孿生體還與實體物件具有相同的功用。另外，孿生體可以透過模擬實驗來反映及預測真實情況下的物件的運行狀況，輔助工作人員作出決策。

2010 年，在美國 NASA 發佈的「建模、模擬、資訊技術和過程」路線圖中，NASA 明確了數位孿生的發展願景，認為數位孿生是「一個整合多物理場、多尺度的非確定性分析框架，能夠聯合高精度物理模型、感測器測量資料、飛行歷史資料等，鏡像相應孿生飛行器的生命歷程」。

這一願景對 NASA 和美國空軍具有重要意義，兩者擁有大量的機隊需要週期性檢測和維護，不僅耗費巨大成本，而且面臨針對性不強、回應速度慢的問題。數位孿生利用模型指導決策的思想正好能夠彌補這項能力短缺。透過真實資料驅動數位孿生體更新，回應實際飛行器結構變化，並對實際飛行器的操作、維運進行優化，從而降低維護成本、延長使用壽命。

基於此，同年，美國空軍提出了機身數位孿生（Airframe Digital Twin，ADT）的概念，認為它是一個覆蓋飛機全生命週期的數位模型。透過整合氣動分析、有限元等結構模型，以及疲勞、腐蝕等材料狀態演化模型，同時利用機身特定幾何、材料性能參數、飛行歷史以及檢測維修等資料動態更新模型，ADT 可以準確預報飛機未來行為，並指導決策者為每架飛機定制個性化管理方案，以期延長飛機使用壽命並降低維護成本。

2012 年，NASA 又針對飛行器以及飛行系統等，給出了數位孿生體的明確定義：數位孿生是指充分利用物理模型、感測器、運行歷史等資料，整合多學科、多物理量、多尺度、多概率的模擬過程，在虛擬資訊空間中對物理實體進行鏡像映射，反映物理實體行為、狀態或活動的全生命週期過程。

隨後，美國通用電氣、德國西門子、PTC、達梭公司等企業將數位孿生體的理念應用於企業產品研發之中，自此，數位孿生體得到了學術界和工業界的廣泛關注。如今，數位孿生的概念得到各領域的廣泛重視，各類應用概念層出不窮，數位孿生在各個領域的快速發展彰顯了其巨大的價值。而這一切，都離不開數位孿生最初在航太航空領域展現出來的巨大潛力。

航太數位孿生之應用

總結來看，數位孿生在航太航空的應用可以歸納為設計研發、製造裝配以及運行維護三個環節。

對於設計研發來說，數位孿生的加入，將改變當前系統工程中的多部門工作方式，以數位孿生為中心的系統工程，在數位線程技術的支撐下，將能夠實現各類資訊來源的統一管理，不同部門可以隨時訪問或補充數位線程中的資料，實現資訊的有效交互。透過不同部門橫向之間、及不同系統級別縱向之間的協同管理，使得部分工作可以並行開展，同時最小化串列迭代中的等待時間，加速設計進程。

比如，透過建立飛行器或者是各個零部件的數位孿生體，可以在各部件被實際加工出來之前，對其進行虛擬數位測試與驗證，及時發現設計缺陷並加以修改，避免反覆迭代設計所帶來的高昂成本和漫長週期。達梭航空公司將 3DExperience 平台（基於數位孿生理念建立的虛擬開發與模擬平台）用於「陣風」系列戰鬥機和「隼」系列公務機的設計過程改進，首次實現量品質改進提升 15% 以上。

對於製造裝配來說，飛機產品異常複雜，它具有嚴格的外形氣動要求，結構複雜，空間連接緊湊，各類系統佈置緊密，零部件數量巨大，並且涉及專業面十分廣泛。飛機研發涉及的學科廣泛，對產品品質要求高，研發難度大，其中工作量最大的為飛機的裝配過程，占到整個飛機製造總工作量的 50%以上。在進行飛行器各部件的實際生產製造時，建立飛行器及其相應生產線的數位孿生體，可以追蹤其加工狀態，並透過合理配置資源減小停機時間，從而提高生產效率，降低生產成本。

比如，航空航太製造商洛克希德·馬丁公司將數位孿生應用於 F-35 戰鬥機的製造過程中，期望透過生產製造資料的即時回饋，進一步提升 F-35 的生產速度，使得 F-35 的生產速度由最初的每架 22 個月的生產週期縮短至 17 個月，同時，在 2020 年前，將每架 9460 萬美元的生產成本降低至 8500 萬美元。

在運行維護環節，目前，為保證系統運行的可靠性，往往需要在容易發生損傷或破壞的位置佈置感測器，監測系統狀態，其中，對潛在損傷位置的判斷通常需要依賴工程經驗。而在實際案例中，國際航班中便存在以下問題：若 A 國家的飛機在落地 C 國家後飛機發生故障，C 國地勤無法有效解決時，便需要 A 國相關專家進行支援。

毋庸置疑，專家到達現場是最直接有效的方法，但在這個過程中卻不可避免地會出現人員調動所產生的費用、長途飛行耗費的寶貴時間，同時飛機的駐場費也相當可觀。此時，採用了數位孿生技術的「遠端專家」便顯得尤為有效：C 國地勤透過佩戴相關頭顯設備，將其觀察到的具體故障部位傳給 A 國專家，專家可以透過全息輔導的方式，高效便捷地解決問題。

此外，在飛行器的維護上，利用飛行器的數位孿生體，可以即時監測結構的損傷狀態，並結合智慧演算法實現模型的動態更新，提高剩餘壽命的預測能力，進而指導更改任務計畫、優化維護調度、提高管理效能。

10.2 飛行器設計之 GCAir 平台

(一) 應用背景

飛行器作為典型的高科技含量產品，隨著飛行器的快速持續發展，飛行器構件日益呈現出多樣化、複雜化趨勢，隨著對飛行器的研究也愈發深入，對飛行器維護的難度也會增加，同時對飛行器研製週期、品質提出了更高的要求。因此，在虛擬空間中分析飛行器的各種運動狀態也愈發重要。

雖然現在已經初步形成針對方案設計、需求生成、模擬驗證的飛行器設計的模擬系統，但面向複雜任務要求和敏捷開發設計需要，飛行器設計與製造仍存在兩方面的問題：

一方面，傳統開發模式下，都是以單一專案為中心進行方案設計與模擬驗證整合，大多都採用串列的研製流程來實現從航天器的設計到服役的整個週期。這樣一來，由於缺乏有效的部門間溝通瞭解，不同部門之間就各部門對其他部門的需求和能力水準缺乏理解，下游開發部門所具有的知識難以融入到早期方案設計與驗證，產品反覆迭代使得開發進程較慢導致產品的延期完成。

另一方面，串列研發模式使得不同部門的知識不能進行很好的整合，知識經驗呈現碎片化存在「資訊孤島」現象，研製過程中缺乏對資料的收集、整合、挖掘能力。這不僅降低了對動態資料的利用效率，還由於不能充分的對原始數據資訊進行有效的提取，無法及時發現故障的根源。

對於此，數位孿生作為聯繫物理空間與虛擬空問的紐帶，以複雜物理建模、即時資料採集與分析、大數據技術、資訊物理融合技術為關鍵技術，建構物理實體在虛擬空間中的孿生體，並複現物理實體的所有狀態。數位孿生能夠以即時性、高保真性、高整合性地在虛擬空間模擬物理實體的狀態，從而分析飛行器的相關資料記錄，提前發現飛行器相關故障徵候，輔助操作員進行決策，降低飛行器各類事故發生概率，從而推進對飛行器的深入研究。

基於數位孿生技術，北京世冠金洋科技發展有限公司研發的「航太飛行器數位孿生技術及模擬平台 GCAir」專案，取得了元模型發明專利技術，相關建模標準拓展成為數位衛星建模標準，攻克了關鍵技術難題，成功實現了數位孿生技術在衛星測控領域的工程應用。

(二) 案例特點

航空飛行器數位孿生技術及模擬平台 GCAir 旨在利用數位孿生技術建構資訊物理融合的設計模擬系統；基於大數據和歷史知識庫建模技

術，根據物理實體的材料特徵、空間結構、連接方式等參數，自動生成品質特性、邊界條件等孿生模型要素；透過大數據和高性能集群式計算方式可基於地面試驗、測試以及遙感資料庫，利用深度學習的方式進行自動化建模；為構件提供更加高精度、高細度的智慧模型，以此來驗證構件整合的可行性，進而實現基於模型驅動下研製全過程的閉環數位化整合。

GCAir 適用於多源異構模型整合的航空飛行器虛擬整合式開發環境，解決了在傳統的模擬過程中，不同建模系統下所建立的模擬模型無法直接整合的技術難點，大幅提高了多源異構模擬模型整合的效率。其提供的多種飛行器整機級範本模型，支援使用者使用自己的模型，快速替換其中一個或若干個子系統，使用戶可以獲得整機級模擬分析環境。

GCAir 讓用戶在同一平台上完成架構設計、功能設計、性能設計、虛擬試驗、虛擬運行，實現了模型整合技術的突破。並且，GCAir 平台支援來源於歐洲開放的 FMI 標準，可用在航空的總體設計、飛控系統設計、多電飛機研發、飛發一體化研發、發動機虛擬實驗、起落架及制動系統設計以及無人機任務規劃等方向的模擬模型整合工作中。

可以說，GCAir 平台透過支援實現飛行器系統的虛擬建模，進而打造飛行器的數位孿生體，已然實現了被美軍視為頂層戰略的「數位孿生技術」的落地應用。GCAir 目前已成功應用在國產大飛機 C919 以及國產商用發動機和 611、602 等科研院所的眾多重點航空專案的研發過程中。為中國的航空飛行器製造提供了更加強大的整合化模擬技術和平台。

此外，在實際工程應用中，GCAir 平台還基於數位孿生技術開發的數位衛星模擬平台，可以實現各個子系統模擬模型的虛擬整合，數位衛星的虛擬組裝和快速建構，以及充分發揮電腦硬體資源，實現高效率的模擬評估計算。快速開展在軌衛星的故障分析和故障推演工作，並且快速建構軌道任務評估系統，成功實現了數位孿生技術在衛星測控領域的工程應用。

(三) 實施成效

GCAir 建立終端進行資料共用使得設計師可隨時訪問，極大地豐富了研製工程中交互性同時也提高問題處理效率；對於飛行器的未知狀況，GCAir 運用在軌處理演算法在航天器的虛擬數位孿生體上進行模擬驗證，以此來確保方案的可行性。目前，GCAir 平台已在多所航天器研製單位得到實際應用，部分替代或者減少了衛星產品試驗驗證工作，降低研發成本並提升研發效率，在衛星研製工作中發揮重要作用。

同時，基於 GCAir 平台可以對若干衛星的軌道任務進行分析的能力，研發人員已經成功建設了地面平行試驗系統，提高軌道任務規劃和測控技術水準，這可以建設宇航員虛擬訓練系統，也可以為新型航太飛行器 / 探測器的研發提供支援，具有廣闊的市場前景。

10.3 製造裝配之 F-35 生產線

(一) 應用背景

從 1953 年美國一代機 F-100 首飛成功，到 1997 年美國四代機 F-22 順利首飛，美國在各代機研製與首飛進程上均領先蘇俄和中國。其中，F-35 戰鬥機則是當今最新銳的第五代戰鬥機之一。

事實上，F-35 的研發工作早在 1993 年就已經展開。當時，美國空軍和海軍都在尋求更新型的戰鬥機，各種戰鬥機開發專案層出不窮。基於此，美國國防部提出了一個新的理論：美國可以開發一個具有多種子型號的通用空中平台以取代海空軍所有的老舊戰鬥機，並且降低採購成本、簡化維護流程和操作培訓流程」。而在這一思想的指導下，就誕生了聯合攻擊戰鬥機計畫（JSF），而這個計畫的最終產物正是 F-35 戰鬥機。

雖然 F-35 在軍事演習中展現出極強的綜合對抗能力，並在各項作戰任務中均達成目標。但一開始，每架 F-35 戰鬥機都需要約 22 個月的生產週期，嚴重限制了 F-35 戰鬥機的生產。並且，當第一批次 F-35（2 架）開始製造時，每架的成本高達 2.44 億美元。而直到 2017 年，F-35 的生產成本也達到了每架 9460 萬美元，這使得 F-35 飽受成本超支的批評，因此，借力工業物聯網和數位孿生，美國洛克希德馬丁公司試圖將生產成本降低到 8500 萬美元或更低，以減小與四代機的價格差。

(二) 案例特點

為實現這個目標，2017 年，洛克希德馬丁公司在沃斯堡工廠部署了 Ubisense 集團（UBI）「智慧空間」解決方案，「智慧空間」是一個工業物聯網解決方案，可以透過模型和資料，將現實世界中的流程和移動資產定量化並進行衡量。「智慧空間」為製造商的「工業 4.0」戰略提供一個基礎平台。平台建立一個即時鏡像現實生產環境的數位孿生（將現實資料映射到數位模型上），將現實世界中的活動與製造執行和規劃系統相連接。它即時監測三維空間中的交互，使用空間事件來控制流程並使環境根據工人移動做出反應。

UBI 表示其「智慧空間」平台將定位技術整合到一個單一的生產運行視圖中，使製造流程完全視覺化。對於像空客這樣的客戶，UBI 提供了一個「室內雷達」，與德國 SAP 公司的企業級軟體相連接，確保待裝配元件及時運到，並實現即時更新的資訊管理。平台能夠處理高精度超寬頻（UWB）、GPS、射頻識別（RFID）、藍牙和視景系統。

UBI 認為，該平台解決了航空航太與防務製造商面臨的許多長週期和高複雜性問題。這些客戶通常體量巨大，很容易忽視其工具和資產，如果這些關鍵物件沒有能夠在正確的時間位於正確的位置，將造成漫長和十分昂貴的生產延遲。

基於 UBI 的智慧空間，疊加數位孿生的應用，洛克希德馬丁公司成功打造了 F-35 生產線。F-35 生產線能夠將以往生產線建成後棄之不用的模型重新利用起來，透過在感興趣的位置添加標籤採集相關資料，透過三維模型的變化即時監測生產線運行。這比採用影像能夠獲取更多的資訊，並且支援遠端故障診斷。

與此同時，諾斯羅普．格魯門公司還在 F-35 中機身生產中建立了一個數位線索基礎設施來支撐物料評審委員會進行劣品處理決策，透過數位孿生改進了多個工程流程：自動採集資料並即時驗證劣品標籤，將資料（圖像、工藝和修理資料）精準映射到電腦輔助設計模型，使其能夠在三維環境下視覺化、被搜索並展示趨勢。透過在三維環境中實現快速和精確的自動分析縮短處理時間，並透過製造工藝或元件設計的更改減少處理頻率。

(三) 實施成效

透過流程改進，諾斯羅普·格魯門公司處理 F-35 進氣道加工缺陷的決策時間縮短了 33%，該專案獲得了 2016 年度美國國防製造技術獎。

當前，數位孿生生產已經成為了美國空軍和洛克希德馬丁公司的頂層戰略，數位孿生能夠實現對製造性、檢測性和保障性的評價與優化，支撐航空航太裝備生產、使用和保障；透過在役飛行器的數位孿生及即時資料採集，能夠對單個機體結構進行追蹤：基於物理特性（如流體動力學、結構力學、材料科學與工程），使用飛行資料、無損評價資料等所有可用資訊進行有充分根據的分析，使用概率分析方法量化風險，並使資料閉環流動（如自動更新概率）。

以美國防部、美空軍和美國航空航天局為首，數位孿生正在被大力推動，並已經在美歐航空航太專案中得到實際應用。未來，美國國防部還將大力推進實施以數位孿生為核心元素的數位工程戰略。

10.4 航空飛機的數位孿生維保

(一) 應用背景

當前，各國軍方和民航企業對於價格昂貴的飛行器的維修保障方式，絕大部分仍然是定期檢測維修——在作戰飛機或客機完成一定時間的飛行小時或在一個固定的週期性間隔之後進行，這與汽車保養並無不同。然而，這樣的方式一方面可能造成過度檢測維修，讓飛行器的維修保障成本居高不下；另一方面可能造成失效隱患，導致更嚴重的機毀人亡事故。

可以說，拆解結構狀態良好的飛機帶來的高昂的維修保障成本，以及因結構完整性問題導致的低下的裝備完好性一直是飛機健康管理的難題。在這樣的背景下，基於數位孿生的結構健康管理應用被寄予希望。

每一個數位孿生都可以針對特定的已建造裝備（即其所對應的物理孿生），反映裝備個體的結構、性能、健康狀態以及特定使命任務的特性，諸如已飛行的距離、已經歷的失效、維修和修理歷史；透過將來自真實世界的飛行和維修等資料融入模型和模擬系統，能夠追蹤特定裝備的歷史，幫助理解單個裝備在真實世界的性能；基於維修歷史和已觀測到的結構行為等資料，聯合其他資訊源共同進行特定裝備未來性能的預測性分析，得到精細的概率性假設，即在及時調整參數或得到維修的情況下的預期性能，從而說明決策者實施建議的飛行控制參數調整，或者安排何時進行預防性的維修，實現飛行器的健康管理。

基於此，GE 聯合洛 · 馬開展了 P2IAT 專案；同時，諾 · 格也開展了 P2IAT 專案，對數位孿生支撐的結構完整性進行預測流程設計。

(二) 案例特點

GE 領頭開發了可擴展、精確、靈活、高效、牢靠（SAFER）的 P2IAT 框架，將各種不確定性源納入預測，並將使用和檢測資料融合在一起以利用貝葉斯網路更新和減少預測的不確定性。

該框架使用統計學方法整合了若干種工程分析方法以及模型，包括利用飛行記錄和飛行模擬器建立概率性的使用和載荷配置的方法，基於有限元和疲勞裂紋擴展模型的概率性結構可靠性分析，在可探測概率支援下利用檢測資料更新概率模型的方法，透過計算失效概率並估算未來檢測對其影響的檢測決策分析等。框架的輸出結果包括估算的裂紋長度分佈、預測的檢測計畫、隨著時間變化的可靠性以及輸出對輸入參數分佈的敏感性。

諾·格開發了與 GE 類似的 P2IAT 框架和預測流程：利用 AFRL 的「操縱杆 - 應力即時模擬器」軟體，基於統計資料自動生成飛行譜系、分散式載荷以及相應應力序列的方法，生成飛行器概率性的使用和載荷配置流程；開發了貝葉斯更新程式，融合了由可生成裂紋長度和深度聯合分佈的模型產生的當前狀態健康評估結果，以及來自無損檢測和 SHM 的感測器資料，同時考慮了模型和感測器資料的不確定性；開發了基於風險和成本的定量綜合評估的決策流程。

端到端的 P2IAT 流程包括從統計資料到應力序列，然後透過裂紋增長代碼處理應力歷史記錄，以生成更新週期開始和結束以及下一次預期檢測時的裂紋尺寸分佈，之後預測了下一個 1000 次飛行的 SFPOF。結果表明，發現裂紋所需的檢測數量極大減少，同時可將 SFPOF 保持在用戶指定的閾值以下，並且減少了用於非安全關鍵控制點的裂紋修復的檢測數量。該流程使用「模型中心」商務軟體整合，可以將帶有不確定性的輸入和輸出，從一個步驟傳播到下一步驟。

諾·格成功將多種模型整合到單個飛行器的數位孿生中，並且綜合歷史資料庫、構型控制、虛擬損傷感測器等功能，透過高逼真度的材料建模（內含原材料資料、材料工藝資料等）交互材料的歷史資料，透過高逼真度的結構分析（內含結構模型和載荷歷史）交互材料狀態演進資訊。

(三) 實施成效

GE/ 洛 · 馬 P2IAT 專案專案利用 F-15 機翼的工程資料以及實物進行了全尺寸地面測試實驗，選擇了框架追蹤的 10 個控制點，創建了載荷譜並轉化為模擬的飛行資料，設計了載入設備和測試夾具；資料獲取的重點在於測試的安全性，以及在不停止測試的情況下快速確定機翼的狀態；制定了在實驗過程中控制點疲勞裂紋擴展的檢測計畫，包括資料、校準程式、感測器的位置和方向等資訊；最後為每個控制點建立了概率性的應力模型，以及概率性的應力強度因數模型，輸入到框架中執行初始的基線裂紋擴展預測。

機翼全尺寸實驗演示了該框架可以提高結構診斷和預測的準確性，針對滿足用戶指定的單次飛行失效概率（SFPOF）閾值要求，相比定期檢測的計畫，可做出更好的維護決策。

諾 · 格 P2IAT 專案的全尺寸地面測試實驗與 GE 實施的類似，選取了 10 個控制點，自動計算了執行機構的載荷、執行機構區域墊片的佈置及其載荷。資料獲取時，為機翼內部控制點選擇了 Jentek 繞線磁強計感測器系統以避免需要拆卸測試件執行無損檢測，還選擇了 Luna 光纖傳感器系統來對結構的關鍵區域進行應變監測。此外，由於與 GE 共同使用一對機翼，兩者還商討了一個解決方案，避免安裝、儀器操作和資料獲取受到影響。

將數位孿生應用於結構健康管理，一方面，透過將影響應力集中的製造尺寸差異、影響裂紋擴展的飛行資料和消除失效隱患的維修資訊融合到每架飛行器的模型中，更好地掌握單機的歷史和當前狀態。另一方面，在個性化的製造瑕疵、性能缺陷、運行歷史之下，透過高逼真度的物理特性模型，分析單機獨特的外形特徵、結構特性、使用性能約束，從而預知透過傳統幾何模型無法預測的飛行器在不同飛行條件和環境中的表現。

並且，數位孿生以數位化形式記錄了每一架飛行器的製造瑕疵、結構損傷、維護修理等歷史，可以透過群體學習更好地掌握問題所在，從而更深層次地改進結構設計。而且，增強預測性維護功能本身就可以讓數位孿生更好地優化機群的運行，減少昂貴的停飛時間。

Chapter 11

數位孿生＋元宇宙

11.1 元宇宙是什麼？

元宇宙（Metaverse）最早出現在科幻小說作家尼爾·史蒂芬森（Neal Stephenson）1992 年出版的第三部著作《潰雪》（Snow Crash）中。小說中，史蒂芬森創造出了一個並非以往想像中的網際網路，而是和社會緊密聯繫的三維數位空間——元宇宙。在元宇宙中，現實世界裡地理位置彼此隔絕的人們可以透過各自的「化身」進行交流娛樂。

主角 Hiro Protagonist 的冒險故事便在這基於資訊技術的元宇宙中展開。Hiro Protagonist 的工作是為已經控制了美國領土的黑手黨送披薩。在不工作的時候，Hiro Protagonist 就會進入到元宇宙。在這個虛擬實境中，人們表現為自己設計的「化身」，從事世俗的，比如談話、調情，以及非凡的，比如鬥劍、雇傭軍間諜活動等活動。

元宇宙的主幹道與世界規則由「電腦協會全球多媒體協定組織」制定，開發者需要購買土地的開發許可證，之後便可以在自己的街區建構小街巷，修造樓宇、公園以及各種違背現實物理法則的東西。

《Snow Crash》以後，1999 年的《駭客任務》、2012 年的《刀劍神域》以及 2018 年的《一級玩家》等知名影視作品則把人們對於元宇宙的解讀和想像搬到了大銀幕上。從《Snow Crash》到《駭客任務》，再到《一級玩家》，整體來說，元宇宙是一個脫胎於現實世界，又與現實世界平行、相互影響，並且始終線上的虛擬世界。

關於宇宙的宇宙

概念上，一方面，Metaverse 一詞由 Meta 和 Verse 組成，Meta 表示超越，Verse 代表宇宙（universe），合起來通常表示「超越宇宙」的概念。另一方面，關於「元」在流行文化中的用法可以用一個公式來描述：元 +B= 關於 B 的 B。當我們在某個詞上添加前綴「元」的時候，比如「元認知」就是「關於認知的認知」、「中繼資料」就是「關於資料的資料」、「元文字」就是「關於文字的文字」，「元宇宙」，也就是「關於宇宙的宇宙」。

顯然，不論是「超越宇宙」還是「關於宇宙的宇宙」，元宇宙都是與現實宇宙相區別的概念。實際上，人類在更早以前就有了另一個與現實宇宙相區別的宇宙，那就是想像的宇宙，包括文學、繪畫、戲劇、電影。人們幻想出的虛構世界，幾乎是人類文明的底層衝動。正因為如此，才有了古希臘的吟遊詩人抱著琴講述英雄故事，才有了詩話本裡的神仙鬼怪和才子佳人，才有了莎士比亞的話劇裡，巫婆輕輕攪動為馬克白熬制的毒藥，以及影視劇裡的故事，讓觀眾感受著別人的人生。

當然，在過去，想像中的宇宙和現實中的宇宙是壁壘分明的，人們不可能走進英雄故事裡與英雄一同冒險，也不可能見識到神仙鬼怪，感受奇異與鬼魅，不可能與虛構的人物對話，參與虛構人物的人生。但是，隨著科技的發展，虛構宇宙和現實宇宙之間的界限開始打破，當虛擬宇宙越來越與現實宇宙互相融合時，這種融合的結果，就是元宇宙。

網際網路的終極形態

網際網路的誕生元宇宙的開始。Web 1.0 時代是一個群雄並起的時代，也是網路對人、單向資訊唯讀的門戶網時代，是以內容為最大特點的網際網路時代。Web 1.0 的本質就是聚合、聯合、搜尋，其聚合的物件是巨量、蕪雜的網路資訊，是人們在網頁時代創造的最小的獨立的內容資料，比如博客中的一篇網誌，Amzon 中的一則讀者評價，Wiki 中的一個條目的修改。小到一句話，大到幾百字，音訊檔、影像檔，甚至過客使用者的每一次支持或反對的點擊。

事實上，在網際網路問世之初，其商業化核心競爭力就在於對於這些微小內容的有效聚合與使用。Google、百度等有效的搜尋聚合工具，一下子把這種原本微不足道的離散的價值聚攏起來，形成一種強大的話語力量和豐富的價值表達。

但不可否認，儘管 Web 1.0 代表著資訊時代的強勢崛起，但彼時，網際網路的普及度依舊不高，並且，Web 1.0 只解決了人對資訊搜尋、聚合的需求，而沒有解決人與人之間溝通、互動和參與的需求。Web 1.0 是唯讀的，內容創造者很少，絕大多數使用者只是充當內容的消費者。而且它是靜態的，缺乏交互性，存取速度比較慢，用戶之間的互連也相當有限。

20 世紀初，網際網路開始從 1.0 時代邁向 2.0 時代，如果説 Web 1.0 主要解決的是人對於資訊的需求，Web 2.0 主要解決的就是人與人之間溝通、交往、參與、互動的需求。從 Web 1.0 到 Web 2.0，需求的層次從資訊上升到了人。雖然 Web 2.0 也強調內容的生產，但是內容生產的主體已經由專業網站擴展為個體，從專業組織的制度化的、組織把關式的生產擴展為更多「自組織」的、隨機的、自我把關式的生產，逐漸呈現去中心化趨勢。

個體生產內容的目的，也往往不在於內容本身，而在於以內容為紐帶，為媒介，延伸自己在網路社會中的關係。因此，Web 2.0 使網路不再停留在傳遞資訊的媒體這樣一個角色上，而是使它在成為一種新型社會的方向上走得更遠。這個社會不再是一種「擬態社會」，而是成為與現實生活相互交融的一部分。

博客是典型的 Web 2.0 的代表，博客是一個易於使用的網站，用戶可以在其中自由發佈資訊、與他人交流以及從事其他活動。博客能讓個人在網際網路上表達自己的心聲，獲得志同道合者的回饋並與其交流。博客的寫作者既是檔案的創作人，也是檔案的管理人。博客的出現成為網路世界的革命，它極大地降低了建站的技術門檻和資金門檻，使每一個網際網路用戶都能方便快速地建立屬於自己的網上空間，滿足了使用者由單純的資訊接受者向資訊提供者轉變的需要。時下流行的微博，正是從博客發展而來的。

當前，世界範圍內，隨著網際網路的愈發普及和推廣，網際網路虛擬世界的模擬程度也越來越強，人們得以真正進入網際網路時代，並從 Web 2.0 向 Web 3.0 躍遷。其中，Web 3.0 時代正是網際網路向真實生活的深度和廣度進行全方位的延伸，從而達到逼真地全面模擬人類生活的程度的時代。

大致來說，Web 3.0 將是一個虛擬化程度更高、更自由、更能體現線民個人勞動價值的網路世界，將是一個融合虛擬與物理實體空間所建構出來的第三世界，一個能夠實現如同真實世界那樣的虛擬世界。而

Web 3.0 的全部功能所建構的景觀，正是元宇宙所指向的最終形態。歸根結底，元宇宙代表了第三代網際網路的全部功能，是網際網路絕對進化的最終形態，更是未來人類的生活方式。

元宇宙連接虛擬和現實，豐富人的感知，提升體驗，延展人的創造力和更多可能。虛擬世界從物理世界的模擬、複刻，變成物理世界的延申和拓展，進而反過來反作用於物理世界，最終模糊虛擬世界和現實世界的界限，是人類未來生活方式的重要願景。

11.2 元宇宙走向現實世界

資訊技術的發明，打開了虛擬世界的大門，也打通了真實世界與虛擬世界之間的連接。資訊技術的發展，帶來了真實世界的數位化，積累了虛擬世界的原始資訊，隨著虛擬世界和真實世界的邊界逐漸模糊，兩個世界相互滲透和影響。在這樣的背景下，人們所憧憬的虛擬世界成為了可將現實同化的「超現實」，而這一概念，就是所謂的「元宇宙」。

打破真實和虛擬的界限

雖然元宇宙概念的誕生，是在 31 年前的尼爾・史蒂芬森的科幻作品《Snow Crash》中，但事實上，元宇宙在電腦出來的第一天就開始發展了，並隨著技術的進步和應用的增加，元宇宙的版本也隨之不斷地進化和迭代。當前，整個人類社會甚至都可以被稱為元宇宙的初級階段，而人們也的確正在朝向元宇宙所設想的未來在進行發展和積累。

1984 年，威廉・吉布森出版了他最重要的科幻小說——《神經漫遊者》，一把開啟了屬於賽博朋克文學的時代。小說中，主角凱斯是個網路俠客，能讓自己的神經系統掛在全球的電腦網路上，並使用各種人工智慧與軟體在賽博空間（Cyberspace）裡競爭生存。吉布森首次提供了「網路空間」的說法，將這一概念帶進了資訊時代。

而小說裡描述的「同感幻覺」的概念，也正是虛擬實境沉浸式體驗的原型：「媒體不斷融合，最終達到淹沒人類的一個閾值點。賽博空間是把日常生活排斥在外的一種極端的狀況，你可以從理論上完全把自己包裹在媒體中，不必再去關心周圍實際上在發生著什麼」。《神經漫遊者》打造的「同感幻覺」給了很多人靈感，其中就包括「虛擬實境之父」傑倫・拉尼爾。

於是，拉尼爾邊摸索邊改進，帶著民用的目的，發明了一種成本低廉的系統，也就是現在人們熟悉的「虛擬實境」。只不過，對於當時來說，受限於技術，虛擬實境仍停留在最初的仿造階段，只是模擬、複製和反映自然，真實與它的仿造物涇渭分明。人們能一眼判斷出真假，也能輕易的進入和離開。

然而，到了電腦時代，當人們可以在更大的頻寬上創造這些微小的世界，並使其有更多的互動和更逼真的體現時，虛擬開始走向了現實，從仿造走向了模擬，以至於只要給電腦電力和智慧、給其可能的行為和成長的空間，任何東西都能成為某種程度的模擬。而這種模擬是隨著技術驅動下的數位化文明的進程變得越來越快，並以迴圈前進的方式發生的，其最終的結果，就是走向元宇宙。

顯然，當資訊技術出現後，人們獲取資訊的起點和終點就發生了變化，人們可以從真實世界獲取資訊，也可以從虛擬世界獲取資訊。在這個過程中，隨著人們利用數位化的方式，將真實世界中的文字、圖像等資訊傳入虛擬世界，數位化的真實世界也就出現了；與此同時，人們又開始在電腦中直接進行創作與生產，成為了原生的虛擬世界。

其中，虛擬世界之所以能夠和真實世界連接，就是因為人類發明了真實世界和虛擬世界之間的資訊溝通方式，也就是二進位編碼，同時它也是兩個世界之間資訊的翻譯規則和方式。真實世界的資訊，在機械和電力等可重覆且穩定消耗的資源消耗下，被解構成 1 和 0 這樣的可被電腦所快速理解的資訊。

於是，一方面，從網際網路到移動網際網路，再到物聯網，社交、媒體、電商、物流、協作辦公等越來越多的領域也被加速地從真實世界映射到虛擬世界中。人們使用的瀏覽器網頁，是人們對於真實世界資訊的整理和組合；人們使用的電商平台，是將真實世界中的商品資訊數位化；對應的物流體系，則是將真實世界中物品自身參數、地理位置、配送狀態等資訊傳遞到了虛擬世界中。

另一方面，人們除了將真實世界透過數位化的方式在虛擬世界中展現外，人們也將對虛擬世界的想像透過數位化在虛擬世界中展現。比如，設計師使用各種數位化工具，在虛擬世界裡構造出來的虛擬的各種形象、場景、特效等；大部分電子遊戲更是天然屬於原生的虛擬世界，它們的生產和消耗都是在虛擬世界中完成的，同時幾乎每個電子遊戲世界都是和真實世界不一樣的。

終於，隨著數位化進程變得越來越快，人們從真實世界獲得了越來越多的真實或虛擬的資訊，真實世界和虛擬世界的界限也由此變得越來越模糊。

從「連接」到「連通」

顯然，數位化進程是一個不可逆轉的趨勢，而人們現在正處於這樣的趨勢之中。從資訊的角度入手，根據電腦相關技術和整個網際網路的發展軌跡，元宇宙的發展階段和終極未來自然也就呼之欲出。

元宇宙發展的最初階段，也是元宇宙實現「連接」的階段。在這個時期中，電子電腦處於剛被創造出來的發展初期，人們設計了二進位的編碼進行儲存和計算，並在基礎上拓展成馮·諾伊曼原理。同時，人們也設定了一套標準的「溝通機制」，用於以代碼的方式去和電腦溝通。正是這樣的底層規則，不僅開啟了虛擬世界的大門，也將兩個完全不同的世界從代碼輸入的那一刻聯繫了起來。

電腦技術的不斷發展與更新帶來了網際網路，並逐漸開始其「連接」的使命。在這個過程中，人們從過去的「面對面」資訊交流和溝通，變成了基於網路通訊的「跨時空」雙向資訊傳遞。網際網路「連接萬物」的特性讓人們幾乎瘋狂地向網際網路中發送資訊，希望和虛擬世界中的一切建立聯繫。當然，彼時，受限於網路通訊技術，網際網路還無法像今天一樣進行即時串流媒體傳輸，「連接」的效率也有待提升。

隨著網際網路「連接」效率的提高，元宇宙也來到了第二階段，即元宇宙實現「連通」的階段。當人們對網際網路的使用日益增加，越來越離不開基於網際網路的應用，網際網路本身也逐漸作為一種虛擬世界的基礎設施存在於真實世界。通訊技術的創新和進步也使得人們與虛擬世界發生交互的方式獲得了提升，人們能夠從虛擬世界中即時地獲取高品質的各種串流媒體，同時也開始向虛擬世界中貢獻了海量的資訊。

這個階段，虛擬世界和真實世界雖然日益模糊，但依然沒能實現虛擬世界和現實世界的真正融合。當前，微信、臉書等社交平台建構了虛擬的社交世界，淘寶、亞馬遜等電商平台則建構了虛擬的購物世界，事實上，現實世界中的個人或機構都在充當這個元宇宙階段的扮演者，人們都或多或少都在建構並連接各個「虛擬世界」，從而形成更大的一個彼此都能夠在其中生存和發展的「虛擬世界」。

這也是為什麼「元宇宙」不是由一個公司所打造的原因。因為「元宇宙」和「虛擬世界」的區別就在於「連通」，每個人的身份也是「連通」的關鍵一環。每個人在不同平台所構成的「虛擬世界」裡，都有完整的一套身份 ID。只要不連通，它們就不能作為一個整體，也就不是真正的元宇宙。

至此，元宇宙的終極形態也就被建構出來了——元宇宙的終極形態將是物體全面互連、客體準確表達、人類精確感知、資訊智慧解讀的一個新時代。與當前元宇宙階段相對，未來的元宇宙時代將是一個超級連結時代，一個基於萬物互連的超連結時代。它將生成一個物質世界與人類社會全方位連接起來的資訊交互網路，我們感受的是由此生成的超大尺度、無限擴張、層級豐富和諧運行的複雜網路系統，呈現在我們面前的將是現實世界與數位世界聚融的全新的文明景觀。

在未來，隨著我們對虛擬世界建設的不斷增加，虛擬世界的基礎設置將會愈發的完善，並會逐漸地展現出更高的支援效率。其中，內容的豐富度和供給效率將會變得遠超我們想像，並且會以即時計算、即時生成、即時體驗、即時回饋的方式提供，從而讓我們認為虛擬世界和真實世界無差別。

在這個階段，虛擬世界的經濟體系已經「連通」，經濟系統也已完善，同時伴隨著對應的管理和治理結構。並且，虛擬世界對真實世界的反哺也到達一個前所未有的高度，人們在真實世界中產生的價值，將會被大規模地投入到虛擬世界中，並更多地在虛擬世界完成經濟和社會意義上的迴圈與迭代。

元宇宙能帶來什麼？

人類的終極使命，逃不開關於生存與繁衍的命題。為了完成使命，人類探索出了兩個方向，即「向外探索」和「向內探索」。

「向外探索」也是千年來人類文明演化的邏輯所在。顯而易見，文明的延續與發展，需要持續且穩定的物理環境作為基礎。其中，在人類的歷史長河中，15 世紀到 17 世紀是一個非常特殊的時期，以哥倫布、達伽馬為代表的歐洲航海家，扮演了地理大發現的主角。

但是，隨著人口增加，人們也逐漸發現，作為人類社會所誕生的大部分價值的最終杠杆，陸地上的土地和資源所能撬動的價值是非常有限的。於是，代表著人類打造一系列的宇宙旅行載具和配套設施，開始不斷地向外太空出發，在漫長的星際旅行中繁衍，尋找一個又一個適宜居住的星球。

這也證明了——空間的有限性，會限制人類的生存和發展。另外，有了生存的空間，人們就需要消耗資源產生能源，再將能源以各種方式進行利用，滿足必要的生存和多樣化的生活需求。

事實上，我們也可以將「生命」理解為一場對抗熵增的運動，在熱力學第二定律的基礎上，薛定諤也曾表達過，生命的存在就是在對抗熵增定律，它以負熵為生。以熱力學的角度來看，人類文明在消耗資源維持有序時，會將熵轉移給被消耗的資源，使其增大。

而資源的有限性，又會限制人們的生存和發展可利用的能源。對於一個文明來說，能源變革的歷史，也是人類社會歷史的縮影之一。

因此，「向內探索」成為了人類完成使命的另一途徑，元宇宙就在其中出演了關鍵的角色。元宇宙令人興奮的地方在於，其依託於二進位規則，為人類打開了幾乎無限的虛擬生存空間，以及幾乎無限的虛擬資源。

雖然虛擬世界的資訊技術仍然依賴於真實世界的資源，但從利用效率來看，如果在虛擬世界中達成一個特定目標，則其消耗的真實資源量將會遠小於在真實世界中達成相似目標所需要消耗的資源。

此外，元宇宙讓人們擁有了另外一種思路和方式去創造世界。在元宇宙的世界裡，人們可以自由地選擇生活的場所與場景，兩個世界之間的基礎設施是連通的，上一秒還處於雲端化的人，下一秒就可以出現在真實世界的義體裡。以火星探索為例，當元宇宙實現了完全的連通，人們完全可以將自己上傳雲端或者到晶片上，使用更加穩定的雲端資料傳輸或者同樣用飛船將晶片大批量送過去，再就地組裝一個機械或者仿生軀幹，這難道不比基於碳基的軀體遷徙來的更有效率？

事實上，當前，人類在「數位化」自身的道路上已經開始了一些令人興奮的嘗試。2019 年 9 月 2 日，美國作家安德魯·卡普蘭參與了 Nectome 公司的 HereAfter 計畫，利用人工智慧技術和相關硬體設備，成為了首個「數位人類」，成為雲端物種的先驅。同時，他也將成為第一個數位人類「AndyBot」，而 Nectome 公司將以此為契機，持續進行以電腦模擬的形式復活人類大腦的工程。

元宇宙的未來是值得憧憬的，即便危險，但也迷人。在未來，元宇宙對真實世界的反哺也到達一個前所未有的高度，人們在真實世界中產生的價值，將會被大規模地投入到虛擬世界中，並更多地在虛擬世界完成經濟和社會意義上的迴圈與迭代。我們的世界和對世界的認知也會由此改變。

11.3 數位孿生是元宇宙發展的底氣

2021 年 11 月 2 日新華社發文表示，元宇宙是基於擴展現實技術提供沉浸式體驗，以及利用數位孿生技術生成現實世界的鏡像。當前，作為聯通現實世界和虛擬世界的元宇宙，已經被視為人類數位化生存遷移的未來。可以説，元宇宙想要抵達遠方，數位孿生的應用是其中不可迴避的一個發展過程。

元宇宙的演進需要數位孿生

元宇宙建構了一個脱胎於現實世界，又與現實世界平行、相互影響，並且始終線上的虛擬世界。但在元宇宙理想形態背後，技術的發展是元宇宙初現的前提，技術的整合則是元宇宙爆發的背景。

約伯斯曾提出一個著名的「項鍊」比喻，iPhone 的出現，串聯了多點觸控屏、iOS、高像素監視器、大容量電池等單點技術，重新定義了手機，開啟了激蕩十幾年的移動網際網路時代。正如 iPhone 的出現一樣，元宇宙也是一系列「連點成線」技術創新的總和。

元宇宙是算力持續提升、高速無線通訊網路、雲端運算、區塊鏈、虛擬引擎、VR/AR、數位孿生等技術創新逐漸聚合的結果，是整合多種新技術而產生的新型虛實相融的網際網路應用和社會形態。其中，基於數位孿生技術生成現實世界的鏡像則是元宇宙發展不可缺少的一部分。元宇宙所建構的虛擬實境混同社會形態，從嚴格意義上而言就像是數位孿生與現實物理空間的混同形態，我們可以在現實與虛擬世界中任意穿梭。

具體來看，大家都知道，元宇宙連接虛擬和現實，豐富人的感知，提升體驗，延展人的創造力和更多可能。虛擬世界從物理的世界的模擬、複刻，變成物理世界的延伸和拓展，進而反過來反作用於物理世界，最終模糊虛擬世界和現實世界的界限。從這一角度來説，元宇宙的興起也可以看做是數位空間向三維化階段進化的第二次嘗試。

雖然當前人們還不能準確描繪出元宇宙的景觀，但事實上，現在，人們已經以不同的方式生活在元宇宙之中。人們正不斷地建構著數位世界，數位化著自己以及物理世界，而元宇宙的變化過程也會從不同的現實變數出發，比如教育、就業、消費等影響著真實社會的生產和生活。

對於元宇宙來説，不同的階段有著不同的成熟度。如果説資訊化和數位化，是元宇宙興起的初級階段，那麼數位孿生，就是元宇宙發展的中級階段。2011 年，麥可 · 葛瑞夫教授在《幾乎完美：透過產品全生命週期管理驅動創新和精益產品》中引用了其合作者約翰·維克斯描述概念模型的名詞「數位孿生」，並一直沿用至今。正如《數位孿生》一書所說的「數位孿生就是在一個設備或系統『物理實體』的基礎上，創造一個數位版的『虛擬模型』。這個『虛擬模型』被創建在資訊化平台上提供服務」。值得一提的是，與電腦的設計圖紙又不同，相比於設計圖紙，數位孿生體最大的特點在於，它是對實體物件的動態模擬。

明眼望去，數位孿生是物理實體的「靈魂」。當前，數位孿生技術在經歷了技術準備期、概念產生期和應用探索期後，正在進入大浪淘沙的領先應用期，隨著圖書館、博物館、各種景點的孿生體化，數位孿生還在加速發展，而數位孿生發展的終點，就是走向元宇宙。

從數位孿生發展到元宇宙

顯然，相較於數位孿生，元宇宙是一個更大的數位概念。

元宇宙的虛擬資料包含兩個部分，首先是數位孿生的資料，也就是實到虛的映射，這些虛擬資料包括例如標準、規章制度，計算方法、規範等等，預測的場景等等；然後是存純粹意義的虛擬資料，其中，對於元宇宙強調的沉浸感，真實體驗，多種感官體驗，多種交互模式這些內容，傳統的數位孿生中則是沒有的。並且，從場景看，目前元宇宙中的遊戲，社交、虛擬行銷等等，在傳統的數位孿生中也不存在。

也就是說，數位孿生發展到元宇宙的過程，必然是一個由實到虛，再從虛到虛的轉化，再到可指導行為，而行為進一步導致實的變化，進而又產生新的虛的資料的過程。這樣的過程可以是開環可以是閉環，也可以是螺旋式上升。

基於此，從數位孿生發展至元宇宙，就需要針對具體的數位孿生系統，提出顯著提升的功能要求來規劃改進，綜合實現採集提升、傳輸能力、計算能力（包括虛擬展示能力）、控制能力、執行能力、虛實結合能力的提升，然後整合起來，實現總體的能力得到顯著改進。

比如，2021 年初舉行的電腦圖形學頂級學術會議 SIGGRAPH 2021 上，知名半導體公司英偉達透過一部紀錄片，自曝了 2021 年 4 月公司發佈會中，英偉達的 CEO 黃仁勳的演講中數位替身完成的 14 秒片段。儘管只有短暫的 14 秒，但黃仁勳標誌性的皮衣，表情、動作、頭髮均為合成製作，並騙過了幾乎所有人，這足以震撼業內。作為元宇宙基礎之一的數位孿生技術，其發展的高速顯而易見。

未來，數位孿生技術將為元宇宙中的各種虛擬物件提供了豐富的數位孿生體模型，並透過從感測器和其他連接設備收集的即時資料與現實世界中的數位孿生化物件相關聯，使得元宇宙環境中的虛擬物件能夠鏡像、分析和預測其數位孿生化物件的行為。因此，可以說，作為對現實世界的動態模擬，「數位孿生」是元宇宙從未來伸過來的一根觸角。

11.4 推動數位孿生發展

2021 年 3 月，Roblox 登陸資本市場，被認為是元宇宙行業爆發的標誌性事件，立時掀起「元宇宙」概念的熱潮，資本聞風而動。

緊接著 4 月，風靡遊戲《堡壘之夜》母公司 Epic Games 獲得新一輪 10 億美元的融資，成為 2021 年以來元宇宙領域最高的融資。在上海，2020 年 10 月打造大火國產獨立遊戲《動物派對》Demo 的 VR 工作室 Recreate Games，投資方根據「元宇宙」概念也給出了數億元估值，身價瞬間翻倍。

與此同時，各大網際網路巨頭攜大額籌碼入場，多家上市公司在互動平台上表示，已開始佈局該領域，比如網際網路社交巨頭的 Facebook，再比如字節跳動、騰訊、字節跳動、網易、百度等一眾網際網路大廠。元宇宙的瘋狂有目共睹。

數位孿生投資升溫

無疑，元宇宙的未來必然需要具備強大的時空資料處理能力，更需要時空的智慧能力，因為這樣，才能夠解決數位孿生與元宇宙中決策、交易、價值實現等各方面問題，實現真正的虛實融合。基於此，時空資料與數位孿生，成為了元宇宙領域的另一大投資熱點。

據泰伯網不完全統計，2021 年，有 15 家數位孿生、時空資料相關企業完成融資，總規模超 10 億元，其中不乏過億大單（本統計僅限於智慧城市空間資料服務企業，未包含智慧醫療等專業領域，部分未公開金額為估算）。

2021 年 1 月 15 日，全棧時空 AI 企業維智科技 WAYZ 宣佈完成 4000 萬美元的 A+ 輪融資，用於加強在時空人工智慧領域的科技創新能力、加大核心時空資料和知識資產建設與投入。

3 月，空間大數據公司星閃世圖宣佈完成近億元人民幣 B 輪融資，本輪融資資金將用於空間大數據與數位孿生產品技術的持續研發投入和全國範圍內的空間資料智慧應用業務拓展。

9月，裝配式裝修企業變形積木宣佈完成 B+ 輪 1 億元融資，主要用於 BIM 智慧化系統搭建與完善。

10 月，數位孿生平台提供商 DataMesh（北京商詢科技有限公司）完成近億元 B1 輪融資，欲打造工業、建築場景下的「元宇宙」。

同在 10 月，飛渡科技完成近億元 A 輪融資，創始人兼 CEO 宋彬介紹：本輪融資將專項用於數位孿生、BIM 等關鍵核心技術的迭代研發，及 SaaS 產品的推廣。

此外，在傳統的科技大廠中，英偉達早早推出面向 B 端客戶的應用平台 Omniverse（可譯為「全能宇宙」），這一平台可將物理世界中的物質設計為虛擬產品，將虛擬渲染應用到物理施工環節，最終打造一個工業級 B 端的全能元宇宙。

作為推出中國首個元宇宙交互產品「希壤」的大廠，百度在元宇宙相關的產品、技術積累主要集中在 AI、雲端運算和 VR 等元宇宙的基礎設施領域。而這些技術同樣適用於智慧城市、自動駕駛等現實場景，後者也是百度目前的主要發力板塊。

脫虛向實才能贏在未來

可以看見，當前，元宇宙已經出圈成為一個國民熱點，連帶著不同的 B 端和 G 端產業。當然，除了真正在基礎技術領域深耕的企業外，元宇宙的市場也充斥著一些非理性的泡沫。

比如，一些本與元宇宙不相關的企業，為了蹭元宇宙的熱點，也將公司改名為了「元宇宙」。天眼查的資料顯示，截至 2022 年 1 月，中國已經有 510 餘家名稱含「元宇宙」的企業，超 93% 的企業成立於 1 年內，註冊資本在 100 萬以內和 500 萬以上的相關企業各占約 30%。其中，2021 年全年共新增 450 餘家名稱含「元宇宙」的企業（全部企業狀態）。

然而，從產業發展現實來看，儘管目前元宇宙呈現加速發展態勢，但仍處於 0 到 1 的早期階段：元宇宙產業依然處於社交 + 遊戲場景應用的奠基階段，還遠未實現全產業覆蓋和生態開放、經濟自洽、虛實互通的理想狀態；元宇宙的概念佈局仍集中於 XR 及遊戲社交領域，技術生態和內容生態都尚未成熟，場景入口也有待拓寬，理想願景和現實發展間仍存在漫長的「去泡沫化」過程。

歸根到底，元宇宙是一個依靠多重前沿技術發展下所搭建的科技產物，因此，元宇宙的發展必然要遵循科技本身的產業技術發展規律，需要在產業技術的研發上進行突破才能推進技術朝著未來的方向發展。

這種依靠技術產業突破所推動的社會變革與發展，其底層的核心就是技術的突破，是基於研發所推動的技術進步下的產物。也就是說，想要借力元宇宙以求發展，任何一個公司都離不開藉助於技術研發來迭代產品，以此為元宇宙的搭建助力。如果沒有核心技術層面的突破與投入，當元宇宙的泡沫最終破裂，沒有核心技術支援的企業自然也將隨之消失。

因此，在當下，如果關注元宇宙這個方向，真正思考元宇宙產業趨勢，就應該重點關注數位孿生技術。其實簡單來說，就算今天沒有元宇宙這個概念，基於當前的產業技術，也就是基於數位孿生技術，以及可穿戴設備產業的發展。當這兩個產業進行疊加，並且真正進入普及應用的時候，所謂的元宇宙的樣子也能基本勾勒出來。因為當這兩項產業技術要走向普及與成熟，其背後的晶片、算力、傳輸、資料安全、虛擬實境交互等一系列問題都將獲得突破。

在當下，我們與其沉迷在科幻小說中建構元宇宙，不如冷靜、理解的關注數位孿生，以數位孿生技術的產業化為起點，從數位孿生城市、數位孿生製造、數位孿生醫療、數位孿生研發等各個層面來開展虛擬實境的數位孿生體建構，並且基於數位孿生技術實現對物理實體世界的管理。

事實上，從這個角度來看 Facebook、Apple、微軟、Google、英偉達、富士康等企業，當他們在宣佈進入元宇宙的時候，都是站在產業技術的角度，嘗試著藉助於技術研發的進步來探索相關的技術與產品，並以實際的具有超前性技術的產品來描繪元宇宙。

正如最先提出 Web2.0 的蒂姆 • 奧萊利（Tim O'Reilly）所說：「投機加密貨幣資產所帶來的輕鬆財富，似乎分散了開發員和投資者的注意力，使其無法專注於辛勤工作，打造有用的真實世界服務。」無疑，當我們最終從元宇宙泡沫破裂後落定的塵埃退後一步，由 Apple、微軟、Google、英偉達、富士康等公司推動的技術變革很可能才是最具影響力的。

PART 3

未來篇

Chapter 12

數位孿生之趨勢展望

12.1 數位孿生走向技術融合

在技術狂飆突進的年代，數位孿生作為一個對人工智慧、大數據、物聯網、虛擬實境等技術進行綜合運用的技術框架，越來越成為推動數位社會建設的重要力量。隨著數位孿生技術體系不斷發展，核心技術快速演進，產業生態持續完備，行業應用走深向實，數位孿生已經成為促進工業、城市、交通、網路等垂直行業實現數位化轉型的重要關卡。其中，數位孿生技術融合的發展趨勢也逐漸顯現。

數位化理念和數位化技術

一方面，數位孿生是一種數位化理念。顯然，數位技術是人類文明的一個重要分水嶺，把人類從工業社會帶入數位化社會。從這個視角去理解，數位化的社會已經是一個現實世界與虛擬世界並存且融合的新世界。當前，數位化已成為了社會結構變遷的核心趨勢之一，影響著社會生活的各個方面。

首先，數位化變遷是一場前所未有的連接。以網際網路為例，網際網路最大的特性之一，就是連接。基於網際網路的存在，以智慧手機為代表的移動技術能夠隨身而動和隨時線上。今天，人們已經習慣於藉助線上連接去獲取一切，包括關係、資訊、電影、音樂、出行等。人們不再為擁有這些東西去付出，相反更希望可以透過連接去獲得。

數位化以「連接」帶來的時效、成本、價值明顯超出「擁有」帶來的這一切。亨利・福特「讓每個人都能買得起汽車」的理想在今天完全可以演化為「讓每個人都能使用汽車」，「連接」汽車遠大於「擁有」汽車。

其次，數位化變遷是一場史無前例的融合。在數位技術未出現以前，就已經有了虛擬世界的存在。那個時候的虛擬世界，以文學、繪畫、戲劇、電影等的形式存在，只不過物理世界和虛擬世界是壁壘分明的、相互分離的，人們不可能身處物理世界而走進虛擬世界。但是，隨著數位科技的發展，物理世界和虛擬世界之間的界限開始被打破，它們越來越互相融合。這種融合的結果，就是數位化的未來，即透過連接和運用各種技術，將現實世界重構為數位世界，讓數位世界與現實世界融合。

數位孿生就是這樣一種數位化理念，數位孿生以資料與模型的整合融合為基礎與核心，是對真實物理系統的一個虛擬複製，複製品和真實品之間透過資料交換建立聯繫。藉助於這種聯繫可以觀測和感知虛體，由此動態體察到實體的變化，所以數位孿生中虛體與實體是融為一體的。

數位孿生正是將現實世界重構為數位世界。同時，重構不是單純的複製，更包含數位世界對現實世界的再創造，還意謂著數位世界透過數位技術與現實世界相連接、深度互動與學習、融合為一體，共生創造出全新的價值。

簡單來說，數位化意謂著，今天的每一個人都需要重新學會生活技能，線上購買，電子支付，網路租車出行以及社群的新社交方式等，人們不得不調整認知能力，跟上變化的步伐，否則無法理解眼前發生的一切。而數位孿生所帶來的更加廣泛的數位化連接、融合更是讓數位化尤其不同於此前的任何一個技術時代，這不僅改變了生存方式、發展方式，也改變了價值方式。

另一方面，數位孿生也是一種「實踐先行、概念後成」的數位化技術，數位孿生技術透過建構物理物件的數位化鏡像，描述物理物件在現實世界中的變化，模擬物理物件在現實環境中行為和影響，以實現狀態監測、故障診斷、趨勢預測和綜合優化。為了建構數位化鏡像並實現上述目標，需要建模、模擬等基礎支撐技術透過平台化的架構進行融合，搭建從物理世界到孿生空間的資訊交互閉環。

可以看見，數位孿生與物聯網、模型建構、模擬分析等成熟技術有非常強的關聯性和延續性。數位孿生具有典型的跨技術領域、跨系統整合、跨行業融合的特點，涉及的技術範疇廣泛。儘管目前數位孿生的多個層面的技術已取得了很多成就，但仍在快速演進當中。隨著數位孿生以及新一代資訊技術、先進製造技術、新材料技術等系列新興技術的共同發展，數位孿生還將持續得到優化和完善。

技術融合趨勢顯現

從廣義上來說，人類社會廣泛使用的各類數位技術都可以歸類到資料世界、虛擬世界和體驗世界中。數位孿生技術成為大一統技術，也只有跨技術領域的融合才能讓數位孿生發揮最大效用。實際上，當前，不同領域的數位技術與數位孿生的融合趨勢已經逐漸顯現。

比如，核心技術層面，當前，幾何、模擬、資料三類模型建構技術正在多措並舉，不斷提升建模效率和精度。一是衍生設計和三維掃描建模技術推動幾何建模效率不斷提升。衍生設計基於演算法指令實現複雜幾何模型自動化設計外觀。以工業 CT 為代表的三維掃描建模技術能夠捕獲測試件內部和外部的完整、精確的圖像，直接生成完整的三維立體圖像。

二是深度學習和知識圖譜沿著兩條路徑分別提升模型描述的性能和範圍。如利用深度學習進行汽車風洞測試，傳統方程法需一天，現需1/4 秒。華為建構知識圖譜，將採購、物流、製造知識聯繫起來，實現供應鏈風險管理與零部件選型。

三是 Altair、Ansys、Akselos、Cadence、Nnaisense 和 Synopsis 等模擬工具正在提供商正在發現新的模擬演算法，這些演算法以比摩爾定律快得多的速度提高軟體性能。Nvidia 和 Cereberas 的硬體創新可以放大這些收益，從而實現百萬倍的性能提升。這將使工程師能夠探索更複雜的模型，以反映電池設計和更好的太陽能電池等領域的電學、量子和化學效應。更快的模型還將導致更快、更可操作的預測性維護模型。

在雲端運算方面，所有主要的雲提供商都在 2021 年推出了重要的數位孿生功能。微軟公佈了用於建築和建築管理的數位孿生本體。Google 為物流和製造推出了數位孿生服務。AWS 推出了 IoT TwinMaker 和 FleetWise，以簡化工廠、工業設備和車隊的數位雙胞胎。Nvidia 推出了面向工程師的 Metaverse，作為 Nvidia 合作夥伴網路的訂閱服務。到2022 年，這三者都可能向早期採用者學習，以改進這些產品，支援更多種類的雙胞胎、更好的整合能力和增強的用戶體驗。

再比如，當前，數位孿生正在與人工智慧技術深度結合，促進資訊空間與物理空間的即時互動與融合，以在資訊化平台內進行更加真實的數位化模擬，並實現更廣泛的應用。將數位孿生系統與機器學習框架學習結合，數位孿生系統可以根據多重的回饋來源資料進行自我學習，從而幾乎即時地在數位世界裡呈現物理實體的真實狀況，並能夠對即將發生的事件進行推測和預演。數位孿生系統的自我學習除了可以依賴於感測器的回饋資訊，也可透過歷史資料，或者是整合網路的資料學習，正在不斷的自我學習與迭代中，模擬精度和速度將大幅提升。

可以説，數位孿生與人工智慧技術的融合應用，能夠大幅提升數位孿生的建構效率和可用性。透過高效地創建更多可能性的數位孿生，尋求最佳方案，並在物理世界實現，為人類提供最佳體驗的產品，同時推動世界的可持續發展。

過去，數位孿生設計主要關注單一副本的建立，而未來，在多項技術的融合下，從設計庫中組合更大規模的數位孿生元件將變得更加容易。

工程師和系統設計人員將花費更多時間從預先測試的元件設計應用程式，而不是花更少的時間弄清楚如何整合應用程式。這將説明使用者以設計庫為基礎實現數位孿生元件的大規模組合，進而提升不同設計場景下數位孿生元件的可重用水準，就像開源軟體加速了供應鏈、智慧城市、製造、建築、電網和水利基礎設施等領域的軟體發展一樣。

12.2 標準化勢在必行

數位孿生的應用為了消除各種系統、特別是複雜系統的不確定性，透過數位化和模型化，用資訊換能量，以更少的能量來消除不確定性。然而，雖然數位孿生作為數位時代的重要賦能技術，備受學術界和工業界的關注，如何在各領域落地應用更是關注的重點。但數位孿生發展至今，仍存在標準缺失的問題。

正如 14 世紀，邏輯學家威廉提出的「奧卡姆剃刀定律」，生動形象地點明瞭標準化工作的目的和本質——簡化人類生產生活中不斷增長的複雜性，「如無必要、勿增實體」。標準的缺失也阻礙著數位孿生的進一步發展與落地應用，急需相關標準的指導與參考。

標準化發展正在提速

儘管數位孿生相關的國際標準化處於起步階段，尚缺乏系統的標準體系規劃，標準缺失問題突出。但值得一提的是，數位孿生的國際標準化工作也在逐步展開，其意義日益凸顯。

從國際範圍來看，自 2015 年起，數位孿生就已經吸引了 ISO、IEC 和 IEEE 等國際標準組織的關注，各組織正著手推動分為技術委員會和工作組，力求從不同的領域和層面出發，探索標準化工作的同時推動測試床等相關概念驗證專案，助力標準的實施推廣。截至目前，智慧城市、能源、建築等領域的數位孿生國際標準化工作已進入探索階段。

2018 年，美國工業網際網路聯盟（IIC）成立「數位孿生體互通性」任務組，探討數位孿生體互通性的需求及解決方案，重構與德國工業 4.0 的合作任務組，探討數位孿生體與管理殼在技術和應用場景方面的異同，以及管理殼在支援數位孿生體的適用性和可行性。

2019 年初，ISO/TC184 成立數位孿生體資料架構特別工作組，負責定義數位孿生體術語體系和制定數位孿生體資料架構標準。

2019 年 3 月，IEEE 標準化協會設立 P2806「工廠環境下物理物件數位化表徵的系統架構」工作組，簡稱數位化表徵工作組，探討智慧製造領域工廠和工廠範圍內的數位孿生體標準化。

2019 年 5 月，ISO/IEC 資訊技術標準化聯合技術委員會（ISO/IEC JTC 1）第 34 屆全會採納中、韓、美等成員代表的建議，決定成立數位孿生諮詢組，並發佈《數位孿生體技術趨勢報告》。首批諮詢組成員來自中、澳、加、法、德、意、韓、英、美等國，中國電子技術標準化研究院（簡稱電子四院）專家韋莎博士擔任該諮詢組召集人。該諮詢組工作範圍與主要職責包括：梳理數位孿生的術語、定義以及標準化需求；研究數位孿生相關技術、參考模型；評估開展數位孿生領域標準化的可行性並向 JTC1 提出相關建議等。

2019 年 7 月，由 ISO/TC184（工業自動化系統與整合）與 IEC/TC65（工業測控和自動化）聯合成立的 ISO/IEC/IWG21「智慧製造參考模型」工作組第 8 次會議在首爾召開。此次會上，成立了「TF8 數位孿生資產管理殼」任務組。此次會議專家進一步明確了該任務組的職責：面對「資產管理殼」、「數位孿生體」、「數位線程」等概念叢生的現象，抓取核心發展脈絡，梳理數位孿生與智慧製造參考模型之間的潛在關係。

2019 年 11 月 3 日，ISO/IECJTC1AG11 數位孿生諮詢組第一次面對面會議在新德里召開。各國代表圍繞數位孿生關鍵技術、典型案例範本等進行了交流，並重點討論了 AG 11 數位孿生諮詢組中期研究報告。

2021 年，ISO/IECJTC1/WG11（智慧城市工作組）成立了城市數位孿生及作業系統專題研究組。該研究組專門研究討論數位孿生技術在智慧城市中的應用場景、預研分析和技術方案並計畫發佈相關標準化成果物。後續，該組織將基於國內及國外專家在城市數位孿生參考架構、案例分析等方面的成果，推動開展相關國際標準研製工作。

2020 年，ISO/IECJTC1/SC41 成立 WG6（數位孿生工作組），開展數位孿生相關技術研究，並推動了 ISO/IEC5618《數位孿生概念與術語》和 ISO/IEC5719《數位孿生應用案例》兩項國際標準的預研和立項工作。

ISO/TC184/SC4（工業資料分技術委員會）立項並發佈了 ISO23247-1：2021《自動化系統及整合 - 面向製造的數位孿生系統框架 - 第 1 部分：概述與基本原則》。

ITU-T 近年也加大了數位孿生相關技術的標準化工作，在 SG17（安全研究組）、SG20（物聯網及智慧可持續城市研究組）分別立項了數位孿生技術相關應用需求、參考框架以及安全框架等國際標準。

IEEE 推進了數位孿生在智慧工廠中應用的相關標準專案，如 IEEE2806 系列標準《智慧工廠物理實體的數位化表徵系統架構》《工廠環境中物理物件數位表示的連線性要求》。

從中國來看，隨著全國資訊技術標準化技術委員會等中國標準化組織的關注和推動，數位孿生標準化工作也已經步入起步階段，TC28、TC485、TC426、TC230 等技術標準組織分頭推進數位孿生相關技術標準，明顯促進產業落地發展。

2019 年 11 月，北京航空航太大學聯合電子四院、機械工業儀器儀錶綜合技術經濟研究所等中國 12 家單位聯合發表《數位孿生標準體系探究》，提出數位孿生標準體系框架和結構。

2021 年 3 月，全國資訊技術標準化技術委員會智慧城市工作組成立了城市數位孿生專題組，負責開展城市數位孿生標準體系研究、城市數位孿生關鍵標準研究，並推動標準試驗驗證與應用示範工作。目前，已完成了中國城市數位孿生標準《城市數位孿生第 1 部分：技術參考架構》的預研究工作，並進入了國家標準申報流程中。同時，組織中國相關產學研用單位共同開展了城市數位孿生標準體系的研究工作，並編制本白皮書。

2020 年 9 月，全國信標委物聯網分委會下設數位孿生工作組，對口 ISO/IECJTC1/WG6、開展數位孿生技術相關標準研製工作。此外，全國智慧建築與居住區數位化標準化技術委員會設立 BIM/CIM 標準工作組，探索開展 BIM/CIM 標準研製工作。全國地理資訊標準化技術委員會從測繪、地理資訊兩個方面推動相關標準研製工作。

標準化的迷途

就當前數位孿生的標準化進程來看，數位孿生標準化工作還處於初級階段：一是數位孿生當前缺乏相關術語、系統架構、適用準則等標準的參考，導致不同人群對數位孿生的理解與認識存在差異；二是數位孿生缺乏相關模型、資料、連接與整合、服務等標準的參考，導致模型間、資料間、模型與資料間整合難、一致性差等問題，造成新的孤島；三是數位孿生還缺乏相關適用準則，實施要求、工具和平台等標準的參考，造成用戶或企業對於如何使用數位孿生產生困惑。

具體來看，首先，數位孿生是集眾多數位技術之大成的綜合性數位技術，這也使得數位孿生的術語和概念、參考架構和框架等相較於單一的數位技術更具複雜性。目前，在數位孿生的理論研究與應用實踐過程中，不同領域、不同需求、不同層次的人群對數位孿生的理解與認識互不相同。

比如，SightMachine 公司認為數位孿生是物理資產、產品、過程或系統的動態、虛擬表示，主要展示其當前工作狀態，而 NASA 的首席研究員 Glaessgen 卻認為，數位孿生除了能夠展示物理實體當前狀態外，還能夠進一步預測物理實體健康狀況、剩餘壽命、任務成功率等未來狀態。

人們對數位孿生的不同理解與認識導致在數位孿生研究過程中交流困難，在數位孿生建構過程中整合困難，在落地應用過程中協作困難。因此，急切需要數位孿生相關術語、系統架構、適用準則等基礎共性標準說明加強對數位孿生的理解與認識，推廣數位孿生概念。

其次，數位孿生技術雖然是建構數位化未來的重要基礎，但想要數位孿生技術與人們的社會生產深度連接，需要不用數位孿生系統之間的整合與協作，包括資源、資料、資訊模型和介面等等。但在當前的實際應用過程中，由於缺乏數位孿生相關模型、資料、連接與整合、服務等標準的參考，往往造成不同數位孿生開發團隊研發的產品相容性差、交互操作困難，導致模型間、資料間、模型與資料間整合難、一致性差等問題，形成新的孤島。

最後，對於不同行業的數位孿生應用，例如，智慧製造、智慧城市、智慧建築、智慧農業、智慧醫療等來說，數位孿生行業落地應用也需要標準指導。數位孿生相關行業應用標準的建立，主要包括三個方面：「是否適用數位孿生」，「如何實施數位孿生」以及「如何評價數位孿生」。

對於「是否適用數位孿生」，在實施數位孿生前，企業應結合自身需求及條件考慮是否適用數位孿生，如必須考慮行業適用性、投入產出比等問題，而不能盲目跟風使用。因此，需數位孿生相關適用準則、功能需求、技術要求等相關標準指導企業進行適用性評估與決策分析。

對於「如何實施數位孿生」，一旦企業決策使用數位孿生，就需要面臨如何實施數位孿生，比如，需要具備什麼樣的軟硬體條件、依賴哪些工具與平台的輔助、需要哪些功能等。因此，需實施要求、工具、平台等相關標準對數位孿生的應用落地進行指導。

對於「如何評價數位孿生」，實施數位孿生後，需要評價使用數位孿生帶來的綜合效益以及數位孿生系統的綜合性能（如準確性、安全性、穩定性、可用性與易用性），進而為下一階段的應用提供迭代優化與決策依據。因此，在這一方面，數位孿生測評、安全、管理等還需要相關標準為數位孿生的評估與安全使用提供參考與指導。

推動標準化發展

顯然，數位孿生標準化的發展不是一個一蹴而就的過程，而是隨著社會和產業對於數位孿生的認識不斷深入，進而不斷發展更加完善和全面的數位孿生標準。

想要推動數位孿生標準化的發展，首先，從頂層設計角度來看，需要完善工作機制，以「基礎統領、應用牽引」為原則，基於國內外數位孿生技術和應用現狀、數位孿生標準化現狀，梳理數位孿生產業生態體系脈絡，把握技術演進趨勢和產業未來重點發展方向，扎實建構滿足產業發展需求、先進適用的數位孿生標準體系。

一方面，需要凝聚產學研用各方力量，充分整合領域優質產學研資源，探索建立以企業為主體、產學研相結合的技術創新和標準制定體系，科學謀劃、適度超前佈局數位孿生標準化工作，營造開放合作的標準化工作氛圍，做好數位孿生相關技術體系、產業生態及標準體系頂層設計等基礎研究，為標準化工作提供路線圖。另一方面，還應與其他技術、應用相關標準化組織建立聯絡，統籌推動相關標準研製與應用實施工作，確保標準協調統一，形成聯合共建的數位孿生標準化生態。

其次，數位孿生的標準化需要有重點的切入，即研製重點標準，只有抓住重點，推動重點標準研製工作，才能不斷完善數位孿生標準體系。一方面，這需要以共性支撐為基礎，研究基礎性術語、架構、成熟度等總體標準，研製資料資源規劃、資料模型、資料融合等資料標準。另一方面，則是以關鍵技術為核心，開展數位孿生軟體、硬體產業研究，深入調研供應鏈現狀，打造核心技術標準，研製感知互連、實體映射、多維建模、模擬推演、視覺化、虛實互動等技術與平台標準。此外，還應以融合應用為導向，開展典型應用場景的標準研製。

最後，數位孿生標準化的發展離不開優秀案例的示範和指導。鼓勵相關行業協會、重點企業參與數位孿生標準宣傳、意見徵集和試驗驗證與應用，形成工作合力。同時，挖掘優秀案例，發揮示範引領作用將建立數位孿生典型案例與標準的良性互動機制，充分發揮先進性、代表性案例的引領與示範作用。

一方面，徵集數位孿生優秀案例、優秀解決方案，開展其技術、平台、營運模式等研究，提煉標準需求及核心指標，指導標準研製。優先在國家數位經濟創新發展試驗區，建立數位孿生標準示範基地，提升標準孵化和研製品質，增加標準與技術環境的適應能力，提升重點領域數位孿生標準實施應用成效，探索建立標準研製與科技研發、行業應用高度融合的長效機制並逐漸在全國推廣。

另一方面，數位孿生標準的實際應用效果需要制定科學的評判依據。基於此，可以圍繞數位孿生架構、成熟度等標準，開展標準試驗驗證及應用示範，研發標準化技術服務、資料模型建構、軟體開源等公共服務平台，促進標準規模化推廣應用，以標準化手段助力資料共用、產業聯動，提升產業競爭力；建立健全數位孿生標準試驗與符合性測試評估體系，明確測試範圍和評估標準，形成數位孿生標準符合性測試規範與工具，並搭建數位孿生標準的符合性測試平台，提高測試執行的準確率和效率。加強專業化、專職化的標準符合性測試機建構設，鼓勵適應數位孿生技術和產業發展且具有領域影響力和公信力的合作廠商檢測認證服務機構發展。

當前，數位孿生整體的標準化工作處於初級階段，標準研究內容有待豐富。但隨著標準化工作的開展，未來，數位孿生領域基礎共性及關鍵技術標準將不斷湧現，依託數位孿生概念框架等標準，透過聚焦核心標準化需求逐步建立基本的數位孿生標準體系並孵化典型行業中的數位孿生應用標準，形成國際標準、國家標準、行業標準和團體標準良性互動的局面。

12.3 提升數位孿生通用性

伴隨近年來數位化技術在各行各業的普遍應用，人類的一切活動，包括工作、學習、娛樂、生活各個領域，在物理世界的基礎之上都建立了相應的數位世界版本。比如，與經濟活動相關的數位經濟、數位貨幣、數位金融等，與三大產業相關的數位農業、數位工業、數位服務業等。

數位孿生技術作為數位技術的集大成，更是在數位化背景下，在改變人類認識世界和改造世界的方式中發揮關鍵作用。可以預期，未來，數位孿生將在更多現實場景和行業落地，包括從微觀到宏觀的虛擬世界，從原子、分子，到材料、零件，到產品、工廠、基礎設施，再到城市，最終到整個星球；從無生命的產品到有生命的人體和生物圈；從產品的原理到地球的演化。

從虛擬驗證到虛擬交互

當前，數位孿生應用正在由虛擬驗證向虛實互動的閉環優化發展。

過去，人類對客觀世界感知到的是所謂的「體驗世界」(E-World)。人們可以將感知到的事物在我們心目當中產生的印象稱為「體驗孿生」。由於人類感官的侷限性，人民所能夠感知的資訊，距離越近，感知越多，距離越遠，感知越少。人們對客觀世界的體驗是局部的、有限的、模糊的。

為了更精確地認識世界、理解世界、改造世界，人們發明了各式各樣的測量器具說明更精準地認識世界。從古代的尺規到今天的感測器，都讓我們能夠更快、更準確地獲取客觀世界的各種參數資料。基於這些參數資料建構的世界，也就是「資料世界」(D-World)。

而為了更好的認識資料世界，人類發明了數位技術，透過數位技術對這些資料的分析，人們得以預測可能產生的失效，並消除風險，或提升工廠的生產效率。不過，由於測量設備與測量精度的有限性，我們採用測量方式建立的資料世界必然是碎片化的、帶有測量誤差的、有延時的。

這個時候，藉助電腦建模技術，在數位世界裡建立虛擬的產品、工廠，甚至城市則帶領人們走向更加準確的把握世界。但這個時候，由於人類知識承載的不完備性，人類構造的虛擬世界也是局部的、內容有限的、非精確的客觀世界的一部分。而此實的虛構活動儘管模擬、複製和反映了自然，但離真實依舊遙遠。

當然，即便是在數位世界裡建立虛擬的世界，也只是數位孿生的初級階段，即虛擬驗證階段，數位孿生能夠在虛擬空間對產品 / 產線 / 物流等進行仿真模擬，以提升真實場景的運行效益。

比如，ABB 推出 PickMaster® Twin，客戶能夠在虛擬產線上對機器人配置進行測試，使拾取操作在虛擬空間進行驗證優化；或者在虛擬驗證的基礎上疊加物聯網，實現基於真實資料驅動的即時仿真模擬，如 PTC 和 ANSYS 合作，建構了泵的模擬模型，並將其與真實的泵連接，基於即時資料驅動模擬，優化模擬。

而隨著數位孿生的發展，未來的數位孿生必將進入虛實互動的閉環優化階段，不論是疊加人工智慧，將模擬模型和資料模型更好地融合，優化分析決策水準，還是在智慧決策的基礎上疊加回饋控制功能，實現基於資料自執行的全閉環優化。

數位孿生的未來，是人類可以在虛擬世界中進行體驗，獲得虛擬孿生體驗。我們也可以把資料世界和虛擬世界結合在一起，在虛擬的工廠、設備上載入在真實世界所獲得的資料，構成虛擬孿生的世界。虛擬亂說的世界又和真實客觀世界之間普遍聯繫、相互作用。人們則根據在真實世界獲得的體驗，對客觀世界做出反應，進行調整，以獲得更好的體驗。

比如，杭汽輪透過三維掃描建構幾何形狀，與平台標準機制模型對比，並疊加人工智慧分析，實現葉片的檢測試驗從 2-3 天降低至 3-5 分鐘。再比如，在西門子提供的產品體系中，設計模擬軟體 NX 具備虛擬驗證功能，MindSphere 具備 IOT 連接功能，Omneo 具備數據分析功能，TIA 具備自動化執行功能。未來，西門子有望基於以上產品整合，真正實現數位孿生的虛實互動閉環優化。

完善數位孿生生態

數位孿生可以用於生產一個產品的製造過程，包括從創意、CAD 設計開始，到物理產品實現，再到進入消費階段的服務記錄持續更新。但更具有拓展到生產一個產品以外的領域的潛力，比如一個產線，甚至是一個廠房。數位孿生的生態系統還將進一步完善，數位孿生也將融入到更多行業中。

以英偉達的 Omniverse 的生態系統為例，英偉達迭代 Omniverse 搭載的專業技術和工具，重點就是是打開 Omniverse 和數位孿生的落地場景。

根據英偉達的介紹，從 2021 年 GTC 至今，Omniverse Connector 元件所連接的跨行業應用已經從 8 個增長至 80 個，用戶透過 Connector 能夠將一系列合作廠商獨立的軟體工具和數位資產接入 Omniverse 平台。這增強了 Omniverse 平台的通用性，在遊戲開發、數位孿生、工業自動化、感測器、機器人平台整合等各個領域都能無障礙接入 Omniverse。

在 3D 內容創作領域，Epic 虛幻引擎、C4D 建模軟體、Substance 3D 材質擴充程式等多個合作廠商應用能夠在 Connector 的支援下建立即時同步的工作流。

工業應用上，已經能夠允許 26 種常用 CAD 格式轉化為 Omniverse 支援的 3D 場景格式 USD，製造業工程師可以無縫將 CAD 模型導入並即時查看。借由 Connector 對 CAD 的支援，也讓 Omniverse 進入建築設計行業領域，為大型基建專案建立可交互的數位孿生模型，甚至是毫米精度級別的工程即時 4D 視覺化，即在 3D 數位孿生模型基礎上，隨時間推移和工程進展而持續變化。

英偉達方面還提到，TwinBru、A23D 等全球最大的數位資產庫也透過 Connector 接入 Omniverse 平台，開放數十萬的數位資產供使用者呼叫、加工。並允許用戶接入原有渲染器，以便在這些數位資產遷移至 Omniverse 平台後，依然能夠保持原有的渲染器工作習慣。

憑藉 Connector，Omniverse 生態系統容納了更多的新客戶，讓亞馬遜、百事、DB Netze、DNEG、Kroger、Lowe's 這些涵蓋網購、食品、鐵路等業務的公司開始落地數位孿生。其中，亞馬遜基於 Omniverse 平台搭建的數位孿生倉庫是英偉達提到的代表性案例。亞馬遜的物流系統和 50 萬個物流機器人接入 Omniverse 平台，呼叫 Omniverse 中機器人模擬平台的各項技術工具，建構人工智慧倉儲、分發以及 AI 訓練部署的模型。

此外，Omniverse 平台的數位孿生也不僅侷限人造工廠，已經開始探索數位孿生地球，並將其應用在氣候預測、新型可再生能源等領域。與西門子的全球風力發電廠合作，透過 Omniverse 的高速 AI 計算來模擬各類天氣變化下風力發電場的佈局，使發電量相較以前提高 20%。

當前，數位孿生的大規模應用場景雖然還比較有限，涉及的行業也有待繼續拓展，仍然面臨企業內、行業內資料獲取能力層次不齊，底層關鍵資料無法得到有效感知等問題，但隨著數位孿生生態系統的逐漸完善，數位孿生與各個行業的深度銜接和滲透也指日可待。

12.4 難以迴避的現實挑戰

當前，數位孿生技術已被業界公認為未來戰略性顛覆性先導性技術，其應用場景廣泛，正不斷引發管理方式、發展模式的持續創新。包括阿里雲、華為、AWS、微軟等各龍頭企業也紛紛佈局，入場數位孿生。然而，儘管應用前景廣闊且已經開始大尺度、跨領域融合發展，但數位孿生作為一項新興技術理念，尚處於發展初期，仍存在許多短板問題急待破解。

數位孿生的資料之困

在數位經濟時代，資料就是石油，早在２０２０年4月9日，中央《關於建構更加完善的要素市場化配置體制機制的意見》中，就明確了資料是繼土地、資本、勞動力、技術之後的第五大生產要素，這也令資料要素的戰略性地位進一步凸顯。其中，資料的品質——資料的完整性、準確性、持續性、真實性和共用性，決定了資料價值實現的最終成果。針對特定領域的資料集越龐大、越準確、維度越豐富、越協同共用，越能得出最佳演算法並帶來競爭優勢。

對於數位孿生技術也是如此，生成數位模型是數位孿生的第一步，而加入更多的資料集才是關鍵。因此，可以說，資料就是數位孿生的核心，而保證高品質的資料資源則是實現數位孿生的關鍵。但目前，對於數位孿生來說，資料儲存、資料的準確性、資料一致性和資料傳輸的穩定性均需取得更大的進步。

首先，從資料完整性來看，資料全面獲取需求實現基於數位孿生的設備關鍵參數預測、生產過程優化、維修決策等服務需小概率事件資料、多尺度資料、複雜時變數據等的全面支援，目的是提高服務準確性、對極端情況的適應性及決策均衡性。但就物理實況資料而言，受環境、技術及成本限制，資料獲取難以獲得設備故障、極端工況等小概率事件資料，多尺度溫度場、應力場、流場資料，以及高溫高壓等極端環境下的資料。模擬資料則受建模能力、計算能力及實踐環境複雜程度的影響，難以準確模擬突發性擾動資料、高維動態資料等複雜時變數據。

其次，從資料準確性來看，目前，來自物理實體、虛擬模型、ERP 和 MES 系統等多種資料來源，依然存在資料干擾因素多、不同來來源資料相互矛盾、資料整合程度低等問題，這造成資料價值密度偏低。比如，受傳感設備故障、環境波動、人為干擾等擾動因素影響，採集的物理實體資料具備一定的不確定性、隨機性及模糊性，導致數據資訊量損失模型與服務資料缺乏與物理實體資料的即時互動與相互驗證，導致其偏離物理實際；物理實體資料、虛擬模型資料及服務資料孤立且承載的資訊視角單一，造成資料不全面。

此外，資料深度挖掘需求為了提高對物理世界的洞察力，這要求對物理實體的運動規則、故障原理、性能變化趨勢、演化規律等知識進行提取與歸納，在此基礎上形成能夠真實刻畫物理實體行為屬性的數位孿生多維虛擬模型。當前，儘管物聯網等技術的發展使資料體量大幅提升，但如何實現對海量物理實體資料、虛擬模型資料、服務資料等的深度挖掘從而實現對知識的提取仍是重要難題之一。一方面，由於無關資料、異常資料、冗餘數據等占比較大，資料本身的可挖掘性較弱；另一方面，則在於難以充分提取資料間的隱性關聯關係。

其三，從資料持續性來看，資料迭代優化需求資料是建構虛擬模型與服務的核心驅動之一，為了支援數位孿生虛擬模型自主進化與服務功能不斷增強，則需要實現基於「資料增加 - 資料融合 - 資訊增加」迴圈的資料迭代優化。但目前，由於資料融合對技術人員有較強的依賴，缺乏自主性和連續性，導致很難進行持續有效的迭代；而即使迭代優化過程得以持續進行，又由於連續的資料融合可能導致資訊損失，可能會造成難以保證資訊持續增長。

最後，就是「資料孤島」的問題。在不同單位或企業設計資訊系統架構時，由於沒有一套參照的標準。因此，不同的主體的不同的選擇，使得各類資料依然被封存在不同的系統中，而資料通用普適性低又成為了數位孿生落地應用的主要阻礙之一。

以政府為例，根據政府採購網的採購公告，僅２０２１年半年就有 11431 條相關採購，各省的各種單位都有，採購金額從幾十萬到幾百萬不等，比如：中國教育圖書進出口有限公司私有雲儲存擴容採購專案 230 萬；重慶大學全快閃記憶體儲及伺服器採購專案 243 萬；中央廣播電視總台私有雲存放裝置全包代維專案 150 萬；廣州中山大學第一附屬醫院資料中心伺服器與儲存擴容升級專案 601 萬；廣東工貿職業技術學院儲存容量擴容專案 30 萬等等。

這帶來的後果，首先是每個單位都有自己的機房、伺服器和管理員，造成管理成本上的浪費；再就是當每個單位都使用自己的儲存格式、資料庫設計、操作軟體，將不利於資料通用和對外開放，而大量資料吞吐和運算，又不可避免地增加用電量，側面帶來能耗上的浪費。

政府尚且如此，更不用說以商業為目的企業。因為企業在不同發展時段對資訊化有著不同需求，在搭建基礎設施與軟體系統時本就有側重。再加上有限的預算與部署難度，使得很多企業資訊化系統之間都互不相通。

往往每個事業部都有各自儲存、各自訂的資料。各部門資料就像一個個孤島一樣無法和企業內部其他資料進行連接互動。存在資料孤島的企業，所有資料被封存在各系統中，讓完整的業務鏈上孤島林立，資訊的共用、回饋難。資料之間缺乏關聯性，資料庫彼此無法相容。

於是，面向不同應用條件時，由於資料獲取能力、資料基礎設施水準、資料歷史積累量不同，導致建構的數位孿生難以遷移重用；面向不同應用物件時，由於資料具有不同的類型、結構、介面及通訊方式，增大了不同物件數位孿生間的資料交換與解析難度；面向不同應用場景時，資料格式、分類、封裝等各異，造成不同場景下建構的數位孿生難以實現資料整合共用。為了解決「資料孤島」的問題，需實現資料統一轉換與建模，從而保證資料具有通用普適性。

數位孿生的演算法問題

演算法是一種全新的認識和改造這個世界的方法論。智慧時代裡，演算法就是重要引擎和推動力。隨著數位孿生與社會生活生產的聯繫越發緊密，演算法對社會產生的影響也更加深刻，建立在大數據和機器深度學習基礎上的演算法，具備越來越強的自主學習與決策功能。

根據資料，演算法能夠對未來（明天、後天）風機的風力發電量進行準確預測；演算法能夠説明美國 Uptake 公司對卡特彼勒工程機械運行狀態進行預估，實現產品全生命週期的服務；演算法能夠為新零售企業盒馬鮮生當天新鮮的產品的選品進行決策；演算法能夠為不同的使用者打造千人千面的主頁。

作為數位孿生的基底，演算法透過既有知識產生出新知識和規則的功能被急速地放大，但在人們輕易地享受演算法帶來的優化決策時，卻常常忽略了演算法並不必然的客觀性和技術的弱點。當前，隨著數位孿生與社會生活生產的聯繫越發緊密，數位孿生底層演算法黑箱的問題也越發凸顯。

演算法存在的前提就是數據資訊，而演算法的本質則是對數據資訊的獲取、佔有和處理，在此基礎上產生新的資料和資訊。簡言之，演算法是對數據資訊或獲取的所有知識進行改造和再生產。由於演算法的「技術邏輯」是結構化了的事實和規則「推理」出確定可重覆的新的事實和規則，以至於在很長一段時間裡人們都認為，這種脱胎於大數據技術的演算法技術本身並無所謂好壞的問題，其在倫理判斷層面上是中性的。

然而，隨著人工智慧的第三次勃興，產業化和社會化應用創新不斷加快，資料量級增長，人們已經逐漸意識到演算法所依賴的大數據並非中立。它們從真實社會中抽取，必然帶有社會固有的不平等、排斥性和歧視的痕跡。而當這些不客觀性導入數位孿生的技術框架時，人們也就不再能夠保證數位孿生最後決策的中立與最佳了。

從技術的弱點來看，在數位學生時代，現實世界在數位世界裡被重建，隨後資料驅動演算法作出決策並藉助介面層把指令傳遞到現實世界中。讓人焦慮的是，數位空間的運作邏輯——演算法卻是不透明的。在人工智慧深度學習輸入的資料和其輸出的答案之間，存在著人們無法洞悉的「隱層」，它被稱為「黑箱」。

黑箱便是關於「不透明」的一個比喻：人們把影響自身權利義務的決策交給了演算法，卻又無法理解黑箱內的邏輯或其決策機制。這裡的「黑箱」並不只意謂著不能觀察，還意謂著即使電腦試圖向我們解釋，人們也無法理解。

事實上，早在 1962 年，美國的埃魯爾在其《技術社會》一書中就指出，人們傳統上認為的技術由人所發明就必然能夠為人所控制的觀點是膚淺的、不切實際的。技術的發展通常會脫離人類的控制，即使是技術人員和科學家，也不能夠控制其所發明的技術。

演算法的飛速發展和自我進化已初步驗證了埃魯爾的預言，數位學生更是凸顯了「演算法黑箱」現象帶來的某種技術屏障。弗蘭克·帕斯奎爾在《黑箱社會》中將這一隱喻發揮得淋漓盡致，抨擊了美國社會正陷入被金融和科技行業的秘密演算法所操控的、令人難以理解的狀態。

任何技術都很難不受到商業偏好的影響，這使得演算法黑箱也往往與「演算法獨裁」「演算法壟斷」等負面評價綁定在一起。演算法的研發和運行作為商業秘密，受到各個企業的保護，資本可以輕易地將自身的利益訴求植入演算法，利用技術的「偽中立性」幫助自身實現特定的訴求，實現平台的發展與擴張，追求利益最大化。

在數位孿生系統的分層體系下，透過演算法黑箱將模型和資料封裝於交互介面之後是一種常見的工程模式，在化簡技術複雜性的同時也導致「規則隔音」現象日益嚴重。如何在數位孿生的發展中規避這一技術弱勢，是數位孿生走向未來的必經之路。

其中，孿生資料安全的保障有賴於法律 - 技術雙重保障型體系的建構和完善。其中，技術是體系支撐，法律是重要基礎。

一方面，標準體系的缺失將會嚴重阻礙數位孿生技術的應用與發展，急須建構規範的標準體系來指導與參考。這就需要推動相關法律的設立，完善相關技術標準，建立行業資料規範，提高資料處理的安全性，以便順利完成資料的交換、整合與融合工作。

另一方面，是要打破商業資本與技術之間強烈的依附性，避免商業利益成為權力的方向盤。當前，演算法治理已是大勢所趨，政府要加大對演算法技術的把控，建立透明的演算法運行機制和協調的智慧政務系統，設立演算法技術研發和運行的標準，嵌入公共利益的價值觀，平衡多元價值。

總之，數位孿生作為一種無縫連接資訊物理並使之融合的實用技術出現，不僅是未來製造業的關鍵技術，也在越來越多的領域發揮重要的價值。因此，在社會不斷探索數位孿生技術的應用價值的同時，人們也要積極做好數位孿生技術的風險預警工作，讓最佳決策有安全的保障。

數位孿生的安全風險

數位孿生技術是科技的突破，以數位孿生城市為例，數位孿生城市可以提高城市的管理水準，帶動經濟的發展。但越先進，也越脆弱。從安全角度來看，數位孿生技術在實施應用過程中由於其高度網路化、數位化和智慧化，難免會帶來新的安全問題，主要就包括資料安全、平台安全和網路安全。

資料安全方面，數位孿生的推廣，必然導致資料進一步爆發增長，在數位孿生實施過程中，需要對設備進行全面細緻的資料獲取，而在資料量指數級增長的同時，資料不安全的問題也將進一步凸顯。

一方面，資料流程轉複雜化使得資料洩露風險增大。儘管實施和推進資訊系統整合共用等一系列的舉措，能夠使得海量資料資源進一步共用和彙聚，但資料在流動、共用和交換中，系統和資料安全的責權邊界也變得模糊，主體責任劃分不清，許可權控制不足，發生安全事件將難以追蹤溯源。實際上，許多資料都涉及到企業的敏感性資料，未經授權的讀取和篡改都給企業帶來資料安全方面的風險。因此，怎樣防止資料在使用、流透過程中不被非法複製、傳播和篡改又為資料治理帶來新的挑戰。

另一方面，傳統資料防護體系側重於單點防護，而大數據環境下的網路攻擊手段及攻擊程式大量增多，導致出現了許多傳統安全防護體系無法應對的問題，資料安全所面臨的風險在不斷增加。大數據、人工智慧等技術的發展催生出新型攻擊手段，攻擊範圍廣、命中率高、潛伏週期長，針對大數據環境下的進階持續性滲透攻擊（APT）通常隱蔽性高、感知困難，使得傳統的安全檢測、防禦技術難以應對，無法有效抵禦外界的入侵攻擊。

對於此，以資料為中心，是資料安全工作的核心技術思想。這意謂著，將資料的防竊取、防濫用、防誤用作為主線，在資料的生命週期內各不同環節所涉及的資訊系統、運行環境、業務場景和操作人員等作為圍繞資料安全保護的支撐。並且，資料要素的所有權、使用權、監管權，資訊保護和資料安全等都需要全新治理體系。

同時，在資料生命週期的不同階段，資料面臨的安全威脅、可以採用的安全手段也不一樣。在資料獲取階段，可能存在採集資料被攻擊者直接竊取，或者個人生物特徵資料不必要的儲存面臨洩露危險等；在資料儲存階段，可能存在儲存系統被入侵進而導致資料被竊取，或者存放裝置丟失導致資料洩露等；在資料處理階段，可能存在演算法不當導致使用者個人資訊洩露等。面對不同階段不同角度的風險，對症下藥，是技術治理的必要。改進治理技術、治理手段和治理模式，將有效實現複雜治理問題的超大範圍協同、精準滴灌、雙向觸達和超時空預判。

平台安全方面，一方面，數位孿生平台是業務交互的橋樑和資料彙聚分析的中心，負責孿生資料的管理和設備的調度等任務，連接大量數位孿生控制系統和設備，與生產和企業經營密切相關。其高複雜性、開放性和異構性加劇其面臨的安全風險，一旦平台遭入侵或攻擊，將導致重要資料洩露、生產失控等安全問題，造成企業生產停滯，波及範圍不僅是單個企業，更可延伸至整個產業生態，影響社會穩定，甚至對國家安全構成威脅，是保障製造強國與網路強國建設的主要關卡。

另一方面，數位孿生平台上承應用生態、下連系統設備，是設計、製造、銷售、物流、服務等全生產鏈各環節實現協同製造的」紐帶」，是海量工業資料獲取、彙聚、分析和服務的「載體」，是連接設備、軟體、產品、工廠、人等全要素的「樞紐」。因此，做好平台安全保障工作，是確保數位孿生應用生態、數位孿生資料、數位孿生系統設備等安全的重要保證。

但目前來看，數位孿生平台安全管理體系有待提升。數位孿生平台安全的有關管理政策、技術標準研究剛剛起步，如何明晰各方安全責任、如何規範管理平台安全、如何指導平台企業做好安全防護，尚無明確依據，一系列指導檔案急待研究制定。

此外，數位孿生平台安全技術保障能力較弱。從國家層面看，數位孿生平台運行情況缺乏安全監測手段，海量接入設備認證與管控技術尚未成熟，相關工業網際網路應用安全檢測技術匱乏。從企業層面看，數位孿生平台企業多採用傳統資訊安全防護技術、設備建構安全防護體系架構，尚無面向數位孿生平台安全的專用防護設備，整體安全解決方案還不成熟，關鍵基礎安全技術產品受制於人。

網路安全方面，數位孿生在實施過程中面臨多種網路制式，包括蜂窩網路、工業乙太網、低功耗網路通訊協定、OPCUA 協定、MQTT 協定等網路通訊協定，各協定安全性不同，增加了網路防護難度。比如，虛擬網路安全風險，由於數位孿生網路等虛擬系統可能會存在各種未知安全性漏洞，易受外部攻擊，導致系統紊亂，向真實物理網路下達錯誤的指令，影響物理網路的正常運行。

數位孿生的網路安全將是一個龐大的系統工程，建構這個系統則需要以深度連接為基礎。從技術角度來看，只有在綜合的技術運用下，理解網路安全問題及其中的關聯，弄清駭客如何入侵系統，攻擊的路徑是什麼，又是哪個環節出現了問題。找出這些關聯，或者從因果關係圖譜角度進行分析，增加分析端的可解釋性，才有可能做到安全系統的突破。

對抗網路安全的風險還需要擁有智慧的動態防禦能力，網路安全的本質是攻防之間的對抗。在傳統的攻防模式中，主動權往往掌握在網路攻擊一方的手中，安全防禦力量只能被動接招。但在未來的安全生態之下，各成員之間透過資料與技術互通、資訊共用，實現彼此激發，自動升級安全防禦能力甚至一定程度的預判威脅能力。

數位孿生的商業侷限

技術的發展歷來逃不開一個重要命題，那就是能否為企業創造實際價值。針對促進新一代資訊技術與製造業深度融合，數位孿生以實現製造物理世界與資訊世界交互與共融的需要應運而生，實現製造工業全要素、全產業鏈、全價值鏈互連互通。

在產品品質方面，數位孿生可以提升整體品質，預測並快速發現品質缺陷趨勢，控制品質漏洞，判斷何時會出現品質問題；

在保修成本與服務上，數位孿生能夠瞭解當前設備配置，優化服務效率，判斷保修與索賠問題，以降低總體保修成本，並改善客戶體驗；

在營運成本上，數位孿生則可以改善產品設計，有效實施工程變更，提升生產設備性能，減少操作與流程變化；

在記錄保存與編序上，數位孿生能夠說明創建數位檔案，記錄零部件與原材料編號，從而更有效地管理召回產品與質保申請，並進行強制追蹤；在新產品引進成本與交付週期上，數位孿生將縮短新產品上市時間，降低新產品總體生產成本，有效識別交付週期較長的部件及其對供應鏈的影響；對於收入增長機會來說，數位孿生則能夠識別有待升級的產品，提升效率，降低成本，優化產品。

此外，數位孿生還可協助製造企業建構關鍵績效指標。綜合而言，數位孿生可用於諸多應用程式，以提升商業價值，並從根本上推動企業開展業務轉型。其所產生的價值可運用切實結果予以檢測，而這些結果則可追溯至企業關鍵指標。

數位孿生在工業現實場景中已經具有實現和推廣應用的巨大潛力，但目前來看，創建數位孿生體的成本依舊高昂，且產業要素重構融合而形成的商業模式形態並不完善。基於此，在探析數位孿生的商業價值時，企業還須重點考慮戰略績效與市場動態的相關問題，包括持續提升產品績效、加快設計週期、發掘新的潛在收入來源，以及優化保修成本管理。可根據這些戰略問題，開發相應的應用程式，藉助數位孿生創造廣泛的商業價值。

Chapter 13

向數位地球進發

13.1 數位孿生在各國

數位化轉型是數位經濟發展的必由之路。當前，世界正處於百年未有之大變局，數位經濟已成為全球經濟發展的熱點，美、英、歐盟等紛紛提出數位經濟戰略。而作為未來數位化的核心賦能技術，數位孿生具備打通數位空間與物理世界，將物理資料與孿生模型整合融合，形成綜合決策後再回饋給物理世界的功能，數位孿生已經成為了數位化的必然結果和必經之路。

數位孿生所強調的與現實世界一一映射、即時互動的虛擬世界也將日益嵌入社會的生產和生活，幫助實現現實世界的精準管控，降低運行成本，提升管理效率。有力推動著各產業數位化、網路化、智慧化發展進程，成為各個國家數位經濟發展變革的強大動力。基於此，數位孿生的發展也受到了不同國家的重視，國內外主要發達經濟體分別從國家層面制定相關政策、成立組織聯盟、合作開展研究，加速數位孿生發展。

美國：開拓者和推進者

數位孿生的概念就誕生於美國。數位孿生由美國密西根大學的麥可·葛瑞夫教授於 2003 年提出，主要用於產品全生命週期管理的學術研究。不過，受當時技術和認知水準侷限，這一概念並沒有得到重視。

直到 2010 年，美國航空航天局（NASA）在太空技術路線圖中將數位孿生列為重要技術，並首次進行了系統論述。2011 年，美國空軍研究實驗室為解決複雜服役環境下的飛行器維護及生命預測問題，首次提出開展數位孿生應用研究。此後，美國國防部、美國海軍開始加大數位孿生資金投入，美國海軍計畫在未來十年投入 210 億美金支援數位孿生發展。

2012 年，美國國家航空航天局（NASA）發佈《建模、模擬、資訊技術和處理路線圖》，數位孿生的概念開始引起廣泛重視。2013 年，美國空軍發佈《全球地平線》頂層科技規劃檔，將數位孿生技術視為「改變遊戲規則」的顛覆性技術。

同時，美國國防部領頭組建了美國數位製造與設計創新機構，美國數位製造與設計創新機構是美國製造創新網路計畫的 14 個創新機構之一，該創新機構近幾年都將數位孿生列為戰略投資重點，2018 年開始進行工廠數位孿生試點研究，研究建構了供應鏈數位孿生模型，積極向機構內成員宣傳數位孿生等新技術的發展前景。2019 年，該機構將「工廠數位孿生」列為第一重點投資方向，旨在透過推廣應用數位線索和數位孿生技術，提高離散 / 流程製造業的生產力，策劃實施了 7 個研究專案，涉及產品數位孿生、人工智慧與數位孿生融合應用、數控設備數位孿生、數位孿生用於預測性維護等方向。2020 年，該機構在繼續完成 2019 年專案研究的基礎上，策劃了「採用數位孿生與供應鏈進行虛擬交互」等專案，將於 2021 年開始啟動實施。

並且，龍頭企業也將數位孿生作為重點佈局方向，從 2014 年起，美軍組織美國洛克希德 · 馬丁公司、美國波音公司等軍工巨頭結合各自應用需求積極推進數位孿生關鍵技術研發，開展應用研究，並陸續取得成果。可以說，美國也是最早開展數位孿生研究與應用的國家，2011-2016 年美國單年論文發表總數位居第一，2016 年以前累計發表總數位居世界第一。

與此同時，美國還依託著其航空航太基礎優勢，探索形成了成熟的應用路徑。第一階段，是基於系統級的離線模擬分析進行資產維運決策。早在 1970 年，當阿波羅 13 號太空船在太空發生了氧氣罐爆炸時，美國就利用系統模擬進行模擬診斷，及時給出處置方案，使得宇航員安全返回地球。

第二階段，在第一階段的模擬基礎上，完善了系統模擬的工程規範和路徑（即在模擬模型建構初，給定每一個模型標識及屬性關係，為後面研發、製造時模型整合融合奠定基礎），形成了一套複雜基於模型系統工程（MBSE）。比如，洛馬公司採用 MBSE 統一的企業管理系統需求架構模型，並向後延伸到機械、電子設備和軟體的設計和分析，極大提升了複雜產品設計效率。

第三階段，是在第二階段的基礎上推動數位孿生應用拓展到全生命週期。如 2021 年 5 月底，特斯拉 SpaceX 發射載人龍飛船升空，基於數位孿生實現飛船的研發、生產、維運、報廢全生命週期管理，首次實現飛船報廢回收，極大降低了下一代飛船生產成本。

德國：從「資產」入手建立數位孿生

工業 4.0 是德國發展數位孿生的重要方向或戰略，德國提出工業 4.0 後，一直在論證和尋求能讓工業 4.0 落地的賦能技術。而數位孿生相對其他概念更易落地工程實施，正契合了德國工業 4.0 需求。

在 2011 年德國漢諾威工業博覽會上，德國「工業 4.0」被首次提出，旨在透過應用物聯網等新技術提高德國製造業水準。可以說，德國提出並實施「工業 4.0」戰略，是其應對最新技術發展、全球產業轉移，以及自身勞動力結構變化的國家級戰略。

2013 年，德國聯邦教研部與聯邦經濟技術部將「工業 4.0」專案納入了德國政府 2010 年 7 月公佈的《高技術戰略 2020》確定的十大未來專案之一，計畫投入 2 億歐元資金，旨在支援工業領域新一代革命性技術的研發與創新，保持德國的國際競爭力，確保德國製造的未來。

由默克爾政府發起並在世界範圍內推廣的「工業 4.0」，希望重塑德國在工業領域的全球龍頭地位，並解決老齡化等問題的積極應對戰略。在這一高度下，德國「工業 4.0」戰略的根本目標是透過建構智慧生產網路，推動德國的工業生產製造進一步由自動化向智慧化和網路化方向升級，側重藉助資訊產業將原有的先進工業模式智慧化和虛擬化，重視智慧工廠和智慧生產，並把制定和推廣新的行業標準，放在發展的首要位置，即德國「工業 4.0」的產業整合。

而工業 4.0 主要提出單位之一——德國弗勞恩霍夫研究院的 Sauer 就指出，數位孿生是工業 4.0 的關鍵技術。2020 年 9 月 23 日，德國 VDMA、ZVE、Bitkom 聯合 20 家歐洲龍頭企業（ABB、西門子、施耐德、SAP 等）聯合成立了「工業數位孿生體協會」（IDTA，Industrial Digital Twin Association），力圖推進資產管理殼（AAS，Asset Administration Shell），這也被德國稱之為製造業的數位孿生體。

不同於美國數位孿生的從「模型」入手，德國工業 4.0 選擇了不同的路——從「資產」入手。這裡的資產包括所有為實現工業 4.0 而需要「連接」的內容，比如，機器及其零部件；供應材料、零件和產品；圖紙、佈線圖等交換的檔；和訂單等。而將這些工業 4.0 元件，進行數位化表達的最有價值的轉化方式，就是德國的資產管理殼。

資產管理殼可以將資產整合到工業 4.0 通訊中；為資產的所有資訊提供受控訪問；是標準化並且安全的通訊介面；支援在沒有通訊介面的情況下，使用條碼或二維碼來整合「被動」資產；並且在網路中是可定址的，可以對資產進行明確的識別。可以說，管理殼是工業 4.0 元件的「網際網路表達器」。

實際上，從 2015 年開始，德國一直圍繞著管理殼，做各種模型描述和標準覆蓋。比如，在資料互連和資訊互通方面，德國在 OPC-UA 網路通訊協定中內嵌資訊模型，實現通訊資料格式一致性。在模型交互操作方面，德國依託戴姆勒 Modolica 標準開展多學科聯合模擬，目前已經是模擬模型交互操作全球最主流標準。這些相互交織的模型，加上來自企業的實踐，正在將德國製造的產品推進到賽博（Cyber）空間中去，建立德國獨特的數位孿生，覆蓋生產、製造系統和業務的全部生命週期。

以發動機為例，首先，在工程階段，管理殼會考慮各項功能。比如，發動機的扭矩和軸高等性能將放入管理殼中。下一步，選擇製造商提供的某一特定類型（type）的發動機，有關此類發動機的更多資訊將被添加到管理殼中。接下來，發動機製造商提供一個元件用以對發動機進行計算和模擬，從而對上一步的選型進行模擬和確認。在除錯階段，發動機會被訂購，發動機類型（type）會變為帶有序號的發動機實物（instance），該序號是這一發動機所特有的資料。這樣，管理殼進一步得到豐富。在發動機運行階段，測量的溫度，振動等運行參數也會記錄在管理殼中。對發動機進行維護保養的資料也會記錄在管理殼中。發動機使用壽命終止後，會更換新的發動機。更換後，新發動機的類型（type）& 實物（instance）的所有資訊都將被記錄在管理殼中。供應商、工程合作夥伴、系統整合商、營運商和服務合作夥伴等價值鏈中的所有合作夥伴都可以交換管理殼中的資訊。

因此，德國工業 4.0 平台的資產管理殼，可以用來指代任何參與智慧製造流程的事物。如果說物聯網的口號是「萬物互連」的話，那麼在德國工業 4.0 的世界中，就變成了「萬物有殼」。可以說，管理殼提供了一個設備運行的視角，它需要考慮機器通訊的協定和整個設備的可互通性，這也是數位孿生重要的體現，畢竟，數位孿生最擅長的，就是考慮不同設計軟體的模型和資料。

中國：數位孿生正在開花

就中國而言，數位孿生的研究和受關注相對較晚。不過，當前，中國多類主體積極參與數位孿生實踐，在理論研究、政策制定、產業實踐等方面開展積極探索，但整體上應用深度、廣度還需進一步拓展，更多工業應用場景尚待挖掘。

從數位孿生理論研究來看，在理論研究方面，中國關於數位孿生思想的研究由來已久，1978 年錢學森提出系統工程理論，由此開創中國學術界研究系統工程的先河。2004 年，繼美國提出數位孿生概念，中國科學院自動化研究所的王飛躍研究員發表了《平行系統方法與複雜系統的管理和控制》的文章。文章中首次提出了平行系統的概念。平行系統，是指由某一個自然的現實系統和對應的一個或多個虛擬或理想的人工系統所組成的共同系統。透過實際系統與人工系統的相互連接，對二者之間的行為進行即時的動態對比與分析，以虛實互動的方式，完成對各自未來的狀況的「借鑒」和「預估」，人工引導實際，實際逼近人工，達到有效解決方案的以及學習和培訓的目的。而王飛躍研究員的平行系統，其實就可以被理解為物理系統的數位孿生。

與此同時，走向智慧研究院的趙敏與寧振波則在《鑄魂——軟體定義製造》一書中，對數位孿生作了定位：「數位孿生是在『數位化一切可以數位化的事物』的大背景下，透過軟體定義，在數位虛體空間所創立的虛擬事物與物理實體空間的現實事物形成了在形、態、質地、行為和發展規律上都極為相似的虛實精確映射，讓物理孿生體和數位孿生體之間具有了多元化的映射關係，具備了不同的保真度（逼真 / 抽象等）。」而所謂的「虛體測試，實體創新」，就是對數位孿生的作用機制的最簡潔概括。

北京航空航太大學的陶飛等在 CIMS 期刊上的《數位孿生五維模型及十大領域應用》，給出了數位孿生的五維模型，MDT=（PE，VE，Ss，DD，CN）。MDT 是一個通用的參考架構，孿生資料（DD）整合融合了資訊資料與物理資料，服務（Ss）對數位孿生應用過程中面向不同領域、不同層次使用者、不同業務所需的各類資料、模型、演算法、模擬、結果等進行服務化封裝，連接（CN）實現物理實體、虛擬實體、服務及資料之間的普適工業互連，虛擬實體（VE）從多維度、多空間尺度、及多時間尺度對物理實體進行刻畫和描述。五維模型，對數位孿生的落地具有重要的指導意義，在工程應用中，可以直接將該模型映射或轉換為服務導向的軟體體系結構。

在政策制定方面，自 2019 年以來，中國政府基因陸續發布相關檔，推動數位孿生技術發展。

2019 年 10 月，發改委發佈《產業結構調整指導目錄》，將物聯網、數位孿生、CIM 等設立為鼓勵產業。

2020 年 4 月，住建部 2020 年九大重點任務提出「加快建構部、省、市三級 CIM 平台建設體系」，發布《城市資訊模型 CIM 基礎平台技術導則》；

同月，國家發改委和中央網信辦聯合發佈《關於推進「上雲用數賦智」行動培育新經濟發展實施方案》中，著重提及數位孿生技術，強調「探索大數據、人工智慧、雲端運算、數位孿生、5G、物聯網和區塊鏈等新一代數位技術應用和整合創新」，開展數位孿生創新計畫，引導各方參與提出數位孿生解決方案；

2020 年 6 月，工信部副部長王志軍強調要前瞻部署一批數位孿生等新技術應用標準；

2020 年 9 月，國資委則發佈《國企業數位化轉型工作通知》，明確化數位孿生基礎支撐能力；

2021 年 9 月，工信部、住建部聯合發佈《物聯網型基礎設施建設三年行動計畫》，指出加快數位孿生技術研發與應用。

尤其是在數位孿生城市探索方面，十九屆五中全會發佈的中國「十四五」規劃中，更是明確提出將物聯網感知設施、通訊系統等納入公共基礎設施統一規劃建設，推進市政公用設施、建築等物聯網應用和智慧化改造，探索建設數位孿生城市。在此頂層設計下，數位孿生城市建設成為國家和地方發展戰略，正處於快速發展期。多部委發佈行動方案，加速推動數位孿生城市相關技術、產業、應用的發展。

此外，工業網際網路聯盟（AII）也增設數位孿生特設組，開展數位孿生技術產業研究，推進相關標準制定，加速行業應用推廣。並且，隨著工信部「智慧製造綜合標準化與新模式應用」和「工業網際網路創新發展工程」專項，科技部「網路化協同製造與智慧工廠」等國家層面的專項實施，數位孿生也得到了快速的發展。

最後，產業實踐方面，中國工業 4.0 研究院特別領頭發起「數位孿生體聯盟」（DTC，Digital Twin Consortium），這是全球第一個數位孿生體行業組織，比美國同類組織要早八個月。毫無疑問，數位孿生體聯盟主要服務物件是中國企業和市場，因此，加入聯盟的成員的單位 90% 以上都是中國企業。

並且，中國多類主體均開展數位孿生探索，如恒力石化、中廣核等流程行業應用企業積極建構三維數位化；工廠湃睿科技、摩爾軟體等企業利用 AR/VR 提升數位孿生人機交互效果，工業自動化企業華龍迅達建構虛實聯動的煙草設備數位孿生。

不過，儘管中國多類主體探索數位孿生熱情高漲，但產業實踐大多數停留在簡單的視覺化和數據分析與國外基於複雜機制建模的分析應用還存在一定差距。

英法日韓：點狀探索

英國、法國、日本、韓國等其他國家也開展了數位孿生探索，實踐各有特色，但尚未形成非常鮮明的綜合優勢。

其中，英國較早接受數位孿生體概念，但侷限到建築領域，主要推進建築業的數位孿生體應用。從英國數位孿生體國家戰略來看，其淵源來自早期的 BIM 戰略（BIM Strategy，2011），直到 2019 年左右才開始在劍橋大學建立「數位孿生體中心」。數位孿生體中心設在劍橋大學，透過舉辦「數位孿生交流日」活動，吸引更多的產業界企業參與，力圖形成一個新技術社群。

在英國數位建築中心（cdbb，Centre for Digital Building Britain）管理下，數位孿生中心主要聚集了建築和智慧城市相關的行業人士。不過，跟中國數位孿生體聯盟相比，英國的數位孿生體產業過於狹窄，沒有考慮它是一種通用目的技術，在產業實踐方面探索較少。

法國依靠龍頭企業引領，以達梭為核心，基於 3DExperience 平台打造的數位化創新環境，在數位孿生領域進行單點突破。

為了加快創新速度，日本電報電話公司則於 2019 年 6 月 10 日提出了「數位孿生體計算計畫」，它稱之為一個利用高精度數位資訊反映現實世界的平台，透過該平台，可以同步不同的虛擬世界內容，從而創造創新的服務。日本電報電話公司為了推進「數位孿生體計算計畫」，還專門設立了數位孿生體計算研究中心，負責相關研究工作，為其數位孿生體平台建設提供指引。

為了實現「社會 5.0」，日本電報電話公司還利用數位孿生體技術，對人進行了數位孿生化，以實現人體、物體的數位孿生體。同時，在推進數位孿生體計算計畫過程中，數位孿生體計算研究中心發佈了多份白皮書，闡釋了實現社會 5.0 的技術路徑和應用生態。

韓國積極開展數位孿生標準制定，提出《面向製造的數位孿生系統框架》等，有望成為數位孿生領域最早的國際標準。

13.2 一個完全的數位地球

21 世紀是一個技術井噴的的時代，從網際網路、雲端運算、大數據到通訊技術、人工智慧等等，一系列的技術都隨著其發展和成熟日漸融入人們所生活的社會，並共同雕刻著這個屬於技術的時代。數位孿生就是這個時代裡一系列創新技術集大成的重要標誌之一。可以說，技術的發展是數位孿生出現的前提，技術的整合則是數位孿生爆發的背景。

如今，數位孿生已經走過了幾十年的發展歷程，從目前已經呈現的發展趨勢看，在建模仿真、通訊網路、雲端運算、大數據、人工智慧等技術的支援下。可以預期，未來，原子、基因、產品、城市、人體、星球在數位世界中都可以重建一個數位孿生體，人們得以感受到由此生成的超大尺度、無限擴張、層級豐富和諧運行的數位系統，呈現在人們面前的將是一個極致高效、極致協同、極致安全、極致智慧的數位世界和全新的文明景觀。

從樣機到孿生

現實社會作為人類單一的物質和意識相結合的存在狀態已經繁衍生息了幾千年，即使各種幻想以及預言不斷出現，都依然沒有改變歷史的格局。隨著資訊等一系列技術的出現和發展，虛擬世界和現實世界的界限逐漸模糊，虛擬世界和現實世界的融合成為可能。

這表現在數位孿生領域中，就是人們從物理世界走向虛擬世界，再由虛擬世界回饋到物理世界的過程。這個過程，也是一個從物理樣機走向數位樣機（Digital MockUp），再從數位樣機走向數位孿生的過程。

其中，在物理樣機階段，物理樣機被製作出來，本是用來檢查和驗證數位空間的模型，是否準確匹配，包括人機工程、動力特性等。這是作為模型走向產品的最後一道防線，物理樣機必須能夠證明自身攜帶了正確的資訊。顯然，沒有物理樣機的模型，直接進行生產將是衝動而危險的旅途。

不過，在實踐中，物理樣機依然也是昂貴的，尤其是當它無法證明，一台樣機的資訊恰如其分地表達了模型的訴求，那麼回頭返工自然是難免的。工期、成本都會急劇上升，這就是很多產品開發失敗或者延期的原因。要知道，設計決定了 70% 的成本，這是因為設計不僅僅需要完成物理產品的功能表達，而且在一開始就要設計出好的邏輯，讓資訊在整個前後流程中保持一致，貫穿產品生命週期之中。而大量失敗的物理樣機，則證明了資訊的一貫性並不容易保持。產品不得不重回原點，而大量的資源早已經被消耗。

為了避免物理樣機做無謂的冒險，數位樣機應運而生。按照中國國家標準「機械產品數位樣機通用要求」中的規定，數位樣機就是對機械產品整機或具有獨立功能的子系統的數位化描述，這種描述不僅反映了產品物件的幾何屬性，還至少在某一領域反映了產品物件的功能和性能。數位樣機的存在，大幅減少了物理樣機的失敗性。由於資訊傳遞的一致性，製造的難度被大幅度降低。數位樣機是一種資訊代替物理的彩排，也是工業軟體的一次大勝，它大幅推動了用戶端的普及。

正如密西根大學 Mr.Grieves 教授在《虛擬完美模型：驅動創新與精益產品》一書中所提到的：「資訊是被浪費的物理資源的替代品」。實際上，過去，許多工廠裡的成本浪費，其實都是從資訊被忽視開始的。從這個意義而言，如果要真正關注機器效率的提升，關注物料消耗的合理性，那麼僅僅採用高檔機器或者自動化倉儲系統，是遠遠不足夠的。這些機器、零部件之間的資訊是如何傳遞和識別，才是提高效率的關鍵。

因此，雖然隨著三維 CAD 軟體的不斷發展，數位樣機一直在拓寬外延，以表達更加豐富的產品資訊，但是，其仍然側重於產品全生命週期中的設計階段，而製造過程和服務過程的定義表達與應用管理問題日益突出。與此同時，數位孿生技術被認為能對物理產品進行數位化描述並有效管控產品全生命週期的數據資訊，因而逐漸引起國內外學者的關注。

憑藉與物理實體的交互性、相似性，許多場合還具有即時性，數位孿生改變了人們對一個產品工況的期待。過去，一輛汽車、一台機器，無論如何個性化定制，當它離開工廠之後，就會呈現一種平均數的特點——產品的平均能耗、常規應用場景都是被鎖定在一個區間範圍。機器設計參數，則會被提前設定為平均工況。原因很簡單，資訊流在產品交付的一霎那，就被切斷了回路。製造商無法知道機器運行的即時情況。

而現在，數位孿生，讓個性化定制，進一步走向了應用的定制化。一家航空公司同時定制的 5 架同一批次同一型號的飛機，其數位孿生是各不相同的。尾號為 N123 的空客 A321，一旦投入營運，就有其獨一無二的數位孿生 N123，即使它們出廠交付的時候所攜帶的資訊完全一樣。它使得一架飛機的維運，開始走向不同的場景。

也就是說，由於有了數位孿生，機器的工況被即時記錄，被壓縮了的平均工況，開始復原成一種暫態參數。到了這一步，數位孿生也就產生了真正的個性化意義。更何況，數位孿生本來就是為了即時優化物理產品的性能而誕生的。

從原子到星球

目前來看，數位孿生有兩個發展維度，一個是原子的維度，從原子、部件、產品、建築、城市到地球。另一個則是基因的維度，從基因、細胞、器官、人體到生物生命。數位孿生，讓人類文明的所有知識有了數位化的表達方式。

從原子維度來看，諾貝爾化學獎的獲得者 Martin Kaplus 說，人間的一切繁華只不過是原子的翩翩起舞。我們用數位化的方法，可以實現從原子的基礎上去設計出一個新材料出來，也就是材料化學的數位化，而人類工業發展史本質上就是從材料開始走向實物製造的歷史。

過去的愛迪生試誤法根據設計藍圖和生產工藝造出實物產品，反覆實驗、測試，來滿足產品的功能和性能的要求。

然而，電腦和軟體的出現改變了這一切。1980 年，達梭系統三維互動設計軟體 CATIA 之父法蘭西斯．伯納德（Francis Bernard）開創了曲面設計簡單實體設計，透過操作光筆在電腦螢幕上用三維曲面和簡單的實體表現形式，遠超過去的表達形式，奠定了世界工業設計從二維到三維建模的轉變。

隨後，達梭飛機公司使用簡單的三維建模技術生產了飛機零件部件元件。1986-1990 年間波音公司使用三維建模技術進行飛機裝配驗證，並形成大量初步規範來指導三維設計的使用。隨著電腦性能的提高、積體電路的小型化、計算速度的提高，UNIX 工作站出現，三維設計成本大幅降低。

數位化設計技術從早期的二維設計發展到三維建模，從三維線框造型進化到三維實體造型、特徵造型，產生了諸如直接建模、同步建模、混合建模等技術，以及面向建築與施工行業的 BIM 技術。中國鐵設就在達梭系統的三維體驗平台上，建立整條高鐵的數位化雙胞胎，包含了各個專業的知識，橋樑、隧道、站場、鐵軌、路基等等。

達梭系統還用它的 3D ExperienceCity，為新加坡城市建立一個完整的「數位孿生新加坡」。這樣城市規劃師，就可以利用數位影像更好地解決城市能耗、交通等問題。商店可以根據實際人流的情況，調整開業時間；紅綠燈都不再是固定時間；突發時間的人流疏散，都有緊急的即時預算模型。甚至可以把企業之間的採購、分銷關係也都加入進去，形成「虛擬社交企業」。

數位孿生作為一種技術，也終於從原子、器件應用擴展到系統、城市，甚至於未來整個地球和宇宙都可以在虛擬賽博空間重建數位孿生世界。人類認識世界的方法也從傳統的理論推理、實驗驗證，發展到模擬擇優和大數據分析。基於數位孿生在虛擬世界裡去還原，仿真模擬給出各種選擇，並不斷優化物理世界。

可以說，當前，數位化新技術已經走向瞭解構舊世界，建立新世界——數位孿生世界之路。不過，建設一個數位孿生的世界，最終還是要回到如何高效率、高品質地服務人、服務城市、服務企業和服務客戶，這也是數位孿生的終極價值。

從基因到生命

儘管數位孿生系統起源於智慧製造領域，但隨著人工智慧與感測器技術的發展，在更複雜的更多樣的社群管理領域，同樣可以發揮巨大作用。從基因和生命的維度來看，2020 年年初，達梭系統已經提出了數位化革命從原來物質世界中沒有生命的「thing」擴展到有生命的「life」。數位孿生在生命科學研究中的具體應用可以分為兩類：生物應用與實驗應用。

從生物應用來看，目前，數位孿生的應用尚處於起步階段。不過隨著數位化的中心效應愈發明顯，眾多企業也開始紛紛投身於這個極具前景的創新概念。達梭系統在這方面進行了積極探索。達梭系統在推動製造、城市數位化同時，全面佈局到生物、醫學領域的數位化。

顯然，與建構物的數位孿生相比，基因、細胞、器官、人體的數位孿生更加複雜。從造物角度來講，人體比機械要複雜太多。一輛汽車的零部件有 3 萬左右，波音 777 零部件是 600 萬，航空母艦零部件是 10 億量級，而人體是由 37 萬億個細胞組成的，每一個細胞的生命週期中要製造 4200 萬蛋白質分子。

可以說，人類社會所有機器加起的複雜度還沒有人的一節小手指的複雜度高。而基因、細胞、器官的數位孿生建設的基礎，是基於人體相關的多學科、多專業知識的系統化研究，並將這些原理、知識注入數位孿生體。

從實驗應用來看，雖然為細胞乃至人體建構完整的生物學模型還有很長的路要走，但實驗應用層面的數位孿生已經在徹底重塑臨床研究的基本面貌。

過去，臨床醫生只能利用有限的簡陋工具完成工作，所以研究專案嚴重受到成本與資源的制約。也正因為如此，全球眾多新藥發現專案往往中道崩殂。根據統計來看，約 90% 的藥物發現最終失敗——再結合 2020 年全球製藥行業投入的近 2000 億美元研發成本，其中的浪費無疑相當可觀。畢竟，物理實驗的成本非常高，而如果能夠減少實際實驗的數量，同時讓實驗更有針對性、更高效、更可能成功，就一定能讓新藥發現邁上新的臺階。

數位孿生對於研發工作的積極意義也正在這裡：以往，生命科學研究人員可能需要數月、甚至數年時間才能完成對資料的分類與分析，但計算技術的進步讓數位孿生能夠同時建模多種場景並展開測試。此外，自動化測試還將幫助臨床醫生快速重建並重現實驗場景，同時為不同地點、不同團隊提供統一且高度受控的研究環境——數位孿生將說明改進藥物研發，提高藥物的效用。

雖然資料驅動型研究與醫療具有廣泛的理論前景，但其本質上仍是一場成本不菲的冒險。要想成功為複雜的生物實體創建數位模擬副本，其難度將不亞於當初的人類基因組計畫。單從原理上來說，數位孿生已經做好了充分準備。但顯然，現實永遠比想像複雜得多。因此，在數位學生世界全面到來以前，人類首先要正確理解、正確應用數位學生。

數位學生帶來了工具革命、決策革命、組織革命，給人類社會改造自然創造了新的方法論，從一百多年前愛迪生的實驗驗證，演進到今天的模擬擇優，這僅僅是一個開始，而任何方法論的實現，都離不開與之相適配的世界觀。

Note

Note

Note

博碩文化

博碩文化

博碩文化

博碩文化